学而思
受益一生的能力

森林报·秋

学而思大语文分级阅读 第一学段·1~2年级

[苏联] 维·比安基 著

学而思教研中心 改编

石油工业出版社

U0208592

前　言

——写给爸爸妈妈和老师

"阅读力就是成长力"，这个理念越来越成为父母和老师的共识。的确，阅读是一个潜在的"读——思考——领悟"的过程，孩子通过这个过程，打开心灵之窗，开启智慧之门，远比任何说教都有助于成长。

儿童教育家根据孩子的身心特点，将阅读目标分为三个学段：第一学段（1~2年级）课外阅读总量不少于5万字，第二学段（3~4年级）课外阅读总量不少于40万字，第三学段（5~6年级）课外阅读总量不少于100万字。

从当前的图书市场来看，小学生图书品类虽多，但未做分级。从图书的内容来看，有些书籍虽加了拼音以降低识字难度，可文字量太大，增加了阅读难度，并未考虑孩子的阅读力处于哪一个阶段。

阅读力的发展是有规律的。一般情况下，阅读力会随着年龄的增长而增强，但阅读力的发展受到两个重要因素的影响：阅读兴趣和阅读方法。影响阅读兴趣的关键因素是智力和心理发育程度，而阅读方法不当，就无法引起孩

子的阅读兴趣，所以孩子阅读的书籍应该根据其智力和心理的不同发展阶段进行分类。

教育学家研究发现，1~2年级的孩子喜欢与大人一起朗读或阅读浅近的童话、寓言、故事。通过阅读，孩子能获得初步的情感体验，感受语言的优美。这一阶段要培养的阅读方法是朗读，要培养的阅读力就是喜欢阅读，还可以借助图画形象理解文本，初步形成良好的阅读习惯。

3~4年级的孩子阅读力迅速增强，阅读量和阅读面都开始扩大。这一阶段是阅读力形成的关键期，正确的阅读方法是默读、略读；阅读时要重点品味语言、感悟形象、表达阅读感受。

5~6年级的孩子自主阅读能力更强，喜欢的图书更多元，对语言的品位更有要求，开始建立自己的阅读趣味和评价标准，要培养的阅读方法是浏览、扫读；要培养的阅读力是概括能力、品评鉴赏能力。

本套丛书编者秉持"助力阅读，助力成长"的理念，精挑细选、反复打磨，为每一学段的孩子制作出适合其阅读力和身心发展特点的好书。

我们由衷地希望通过这套书，孩子能收获阅读的幸福感，提升阅读力和成长力。

学而思教研中心

目录

候鸟离别月（秋天第一个月）

储备粮食月（秋天第二个月）

森林里的新闻

农庄里的新闻

城市里的新闻

狩猎故事

冰雪降临月（秋天第三个月）

森林里的新闻

农庄里的新闻

城市里的新闻

狩猎故事

候鸟离别月

秋天第一个月

9月：秋天来了

*

进入九月，周围的一切都在悄悄地发生变化：天高了，云淡了，风凉了。这一切都是在告诉人们：秋天来了。

树叶由碧绿色变成了漂亮的金黄色或者红色、褐色，过不了几天就会一片一片地落下

来，投入大地的怀抱。候鸟们做足了准备，要到温暖的地方去过冬了。

如果突然有一天，气温回升了，天气变暖了，你可千万不要以为是夏天又回来了，这只是秋天开的小玩笑，千万不能当真。

天气越来越冷了，森林中的一切都开始积蓄力量，准备对抗冬天的风雪。兔妈妈却偏偏在这个时候生下了一窝兔宝宝。"我的宝宝经得起风雪的考验！"她说得非常自信。

tà shàng zhēng chéng
踏上征程

*

lái zì sēn lín de dì sì fēng diàn bào
（来自森林的第四封电报）

fǎng fú zài yí yè zhī jiān　　nà xiē zhǎng zhe piào liang yǔ máo de niǎo
仿佛在一夜之间，那些长着漂亮羽毛的鸟
quán dōu bú jiàn le　　hái méi lái de jí shuō shēng　　zài jiàn　　tā men jiù
全都不见了。还没来得及说声"再见"，它们就
yǐ jīng tà shàng le zhēng chéng
已经踏上了征程。

hòu niǎo men yì bān dōu huì xuǎn zé zài yè jiān chū fā　　yīn wèi zhè
候鸟们一般都会选择在夜间出发，因为这
shí hou liè rén men dōu shuì le　　bú huì duì zhe tā men kāi qiāng　　ér sǔn
时候猎人们都睡了，不会对着它们开枪。而隼
huò yào yīng bái tiān yǐ jīng chī bǎo hē zú　　wǎn shang yě jìn rù le shuì mián
或鹞鹰白天已经吃饱喝足，晚上也进入了睡眠
zhuàng tài　　suǒ yǐ zhè ge shí hou qǐ fēi shì zuì ān quán de　　bú yòng dān
状态，所以这个时候起飞是最安全的。不用担
xīn tā men huì mí lù　　tā men zhǎng zhe yì shuāng míng liàng de yǎn jing　　zài
心它们会迷路，它们长着一双明亮的眼睛，在
hēi àn zhōng yě néng shùn lì dào dá yào qù de dì fang
黑暗中也能顺利到达要去的地方。

水鸟、野鸭、潜鸭、大雁也成群结队地出发了，它们要走很长的海路才能到达目的地。

在长满水草的海湾岸滩上，我们发现了许多奇怪的痕迹，一会儿是七扭八歪的小十字，一会儿是密密麻麻的小圆点，这些痕迹弯弯曲曲地延伸到大海里。这是哪个调皮鬼留下的字迹？它一定躲进水里不敢出来了。我们躲在窝棚里悄悄地等着抓它个现行，嘘，小心点，别让它发现。

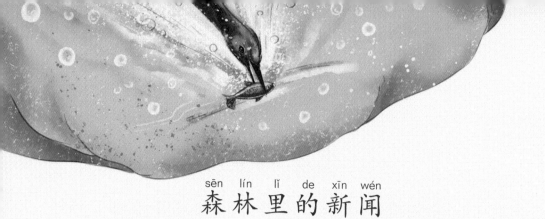

森林里的新闻

水路上的远行军

*

选择水路的候鸟们也开始出发了。

和在空中飞行的候鸟相比，潜鸭和潜鸟看起来更像是在享受悠闲的假期。你瞧，它们在水中慢悠悠地游着，饿了就潜入水中抓几条小鱼小虾吃，逍遥又快活，哪像是要远行的呀！

说起潜水，它们的本领可比笨拙的鸭子高明多了。只要把头一低，用两只脚蹼用力划几下，就能轻轻松松潜入水底。水底下有吃有喝，还不会出现要命的猛禽，真是个好地方啊！有时候在水中，它们甚至忘了自己的身份，和小鱼玩起了游泳比赛，真的以为自己也是一条鱼呢！

潜鸭和潜鸟对自己非常了解，它们知道论起飞行来比不上其他鸟类，不但会耽误行程，还会遇到太多的危险，所以它们选择走水路。多么高明的选择呀！在水上远行比在天上飞更安全，更好玩，更有趣，感觉棒极了！

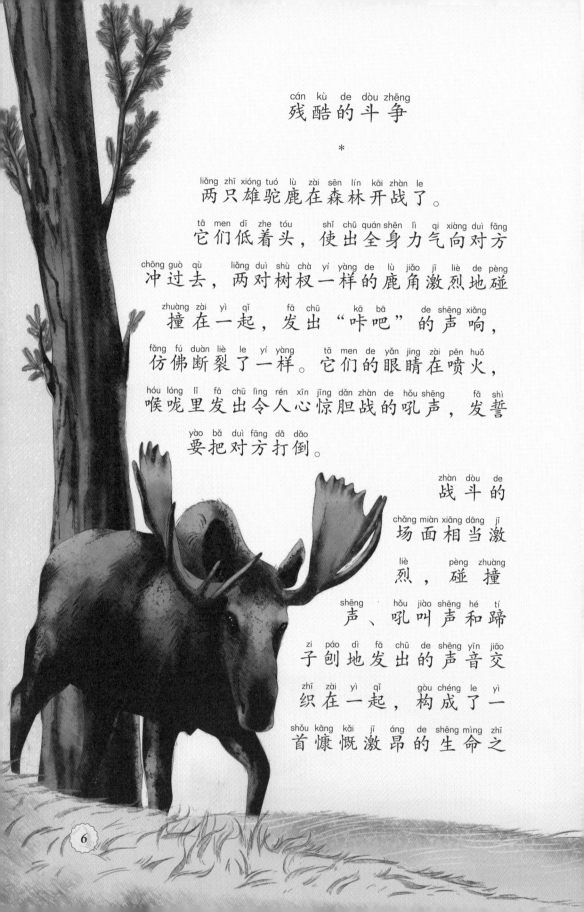

残酷的斗争

*

两只雄驼鹿在森林开战了。

它们低着头，使出全身力气向对方冲过去，两对树杈一样的鹿角激烈地碰撞在一起，发出"咔吧"的声响，仿佛断裂了一样。它们的眼睛在喷火，喉咙里发出令人心惊胆战的吼声，发誓要把对方打倒。

战斗的场面相当激烈，碰撞声、吼叫声和蹄子刨地发出的声音交织在一起，构成了一首慷慨激昂的生命之

6

歌。这是森林里独有的乐章。

聪明的失败者会选择在适当的时机逃跑，保住自己的性命。倔强的家伙则会一拼到底，直到被对方用角折断脖子。多么悲壮的战斗哇!

最终的胜利者高声吼叫着，向森林里的动物们宣告喜讯。它成了这个地方的霸主，和美丽的雌鹿组成了幸福美满的家庭。但它仍然时刻保持警惕，一旦有雄鹿靠近，就立刻把它们赶出去。

周围很远的地方都响彻着它那威严低沉的吼声。

种子要远行

*

风在这个季节是最忙碌的，因为它要把植物的种子送到各个地方。

枫树上长出了一串串的小翅膀，那是翅果，它们正在焦急地等待着风的到来；蓟的种子换上了茸毛翅膀，期盼着风把它们吹到想去的地方；沼泽地里的香蒲最有趣，它让种子们裹上棕色的茸毛大衣，远远看上去就像烤熟的香肠；山柳菊上那毛茸茸的小球东张西望，希望早点飞向远方。

风听到了它们的呼唤，但它实在忙不过来。这时，植物们就得另想办法了。

niú bàng bǎ zhǒng zi men cáng zài zhǎng
牛蒡把种子们藏在长

mǎn jiān cì de yuán fáng zi lǐ cì de dǐng duān zhǎng
满尖刺的圆房子里，刺的顶端长

yǒu dào gōu zhǐ yào zhǎng zhe pí máo de xiǎo dòng wù qīng qīng yí pèng tā
有倒钩，只要长着皮毛的小动物轻轻一碰，它

men jiù huì zhuā zhù shí jī zhān zài xiǎo dòng wù de pí máo shàng gēn tā
们就会抓住时机，粘在小动物的皮毛上，跟它

men yì qǐ qù liú làng guǐ zhēn cǎo de guǒ shí yǒu sān gè jiān jiān jiǎo
们一起去流浪。鬼针草的果实有三个尖尖角，

kě yǐ zhā zài róu ruǎn de wà zi shàng ràng rén lèi dài zhe qù yuǎn fāng
可以扎在柔软的袜子上，让人类带着去远方。

lā lā téng de guǒ shí huì sǐ sǐ de zhān zài yī fu shàng xiǎng yào bǎ tā
拉拉藤的果实会死死地粘在衣服上，想要把它

cóng yī fu shàng ná xià lái hái děi fèi yì fān lì qi ne
从衣服上拿下来，还得费一番力气呢！

采蘑菇的快乐时光

*

森林里到处都光秃秃的，草开始干枯了，叶子也开始随风飘落，让人见了不免有些伤感。就在这时，树墩上、树干上或者地面上，不知什么时候冒出来许多小伞一样的蘑菇，它们生机勃勃，散发着菌类独有的香气，给秋天的森林注入了一丝活力。

那些小小的蘑菇还没有张开，像一个包裹严实的婴儿，不自觉地从小被子里伸出白嫩嫩的小胖腿，可爱极了。

如果你仔细观察就会发现一个有趣的现象：当老蘑菇和小蘑菇在一起

10

时，小蘑菇的伞盖上面总是出现一些小小的斑点。难道是小蘑菇发霉了吗？哈哈，别紧张，那是从老蘑菇身上洒下来的"孢子"（某些低等动物和植物产生的一种有繁殖作用或休眠作用的细胞）。

如果你喜欢吃蜜环菌，可一定不要上当，因为有一些毒菌和它长得很像。但是所有毒菌的伞盖下面没有领圈，伞盖颜色鲜艳，而且孢子是深色的。

好了，现在拿起你的篮子去采蘑菇，享受秋天里的快乐时光吧。

两个惊喜

*

（来自森林的第五封电报）

这段时间，有两件事让我们感到非常惊喜。第一件事就是，通过连续几天的努力观察，我们终于知道海湾岸滩上那些小十字和小圆点是谁的杰作了，是鹬——一种生活在水边的鸟。

鹬前面的三根脚趾分得很开，所以在它们迈开步子寻找食物时，便留下了一串不规则的十字脚印。当发现猎物时，它们会毫不犹豫地把长长的喙扎进隐藏在水藻中的猎物身上，

zhí dào bǎ liè wù cóng zhōng tuō chū lái，yì kǒu tūn xià。zhè yàng，àn
直到把猎物从中拖出来，一口吞下。这样，岸

tān shàng jiù liú xià le yí gè yuán yuán de xiǎo dòng
滩上就留下了一个圆圆的小洞。

dì èr gè jīng xǐ，jiù shì jīn nián xià tiān，yì zhī guàn luò zài
第二个惊喜，就是今年夏天，一只鹳落在

wǒ jiā de wū dǐng shàng，bìng zài nà lǐ ān le jiā。qián jǐ tiān，wǒ
我家的屋顶上，并在那里安了家。前几天，我

men zhuā zhù le tā，fā xiàn tā de jiǎo shàng yǒu yí gè jiǎo huán，yuán lái
们抓住了它，发现它的脚上有一个脚环，原来

zhè shì yì zhī huán zhì niǎo。niǎo lèi xué jiā gěi tā tào shàng jiǎo huán，
这是一只环志鸟。鸟类学家给它套上脚环，

shì wèi le yán jiū tā de qiān xǐ lù xiàn、fán zhí、fēn lèi děng jī běn
是为了研究它的迁徙路线、繁殖、分类等基本

shù jù。wǒ men bǎ niǎo fàng huí dào dà zì rán zhōng，ràng tā zì yóu áo
数据。我们把鸟放回到大自然中，让它自由翱

xiáng。yě xǔ yǒu yì tiān，wǒ men huì zài bào zhǐ shàng kàn dào guān yú tā
翔。也许有一天，我们会在报纸上看到关于它

de xiāo xi ne
的消息呢！

树木间的战争（四）

*

经过了持续几个月的残酷厮杀，树木之间的战争终于结束了。

山杨树和白桦树虽然有过短暂的胜利，可惜，它们的寿命太短了，还没来得及庆祝，就开始衰老了，再也不能像年轻时一样迅速生长。而云杉树却一直保持着旺盛的生长力，很快就用浓密的枝叶抢占了头顶的天空，隔断了山杨树和白桦树需要的阳光。

在生死关头，苔藓、地衣、蠹甲虫全都来给云杉树当助手了。它们齐

心合力，彻底
消灭了山杨树和白
桦树。到此为止，这
场没有硝烟、没有鲜血
的战争结束了。云杉树成
了这里的主人，骄傲地巡视着自
己的领地。可是，没有人为它鼓掌、喝
彩，更没有欢呼声，这是因为云杉林里
阴暗潮湿、密不透风，聪明的小鸟小兽
们才不会来自讨苦吃。而那些勇敢的植
物们就算冒冒失失地来了，也会很快在
云杉树脚下送了命。

　　然而，云杉树不会一直得意下去，
因为总有一天，这片杉树林就会被伐
光，重新变成一片荒地。到那个时
候，新的战争就要重新打响了。

城市里的新闻

狂妄的强盗

*

游隼平时生活在山地、丘陵等足够开阔的地方，但是迁徙的时候，路过城市时它们会在教堂的圆顶或钟楼上搭建一个临时的家，这对于鸽子之类的飞禽是非常危险的。

一天，一群鸽子正在伊萨教堂广场上飞翔。突然，一只巨大的游隼从伊萨

16

教堂的圆顶上

飞下来，直冲

着一只鸽子扑

过去，鸽子躲闪

不及，被游隼铁钩似的爪

子死死抓住。其他鸽子吓得魂飞

魄散，赶紧呼扇着翅膀飞走了。

这突然出现的景象吓坏了广场上的人们，他们大声呼喊着，想把游隼赶走，但游隼一点也不怕，叼着那只可怜的鸽子飞回了它的领地。

"强盗！"

"太猖狂了！"

人们厉声责骂着，但游隼根本不理会，它正津津有味地享用着新鲜肥美的猎物呢！它把新家建在教堂的圆顶上，就是为了方便捕食猎物。

恐怖的黑影
kǒng bù de hēi yǐng

*

城市近郊的人们喜欢在院子里养一些家禽。
chéng shì jìn jiāo de rén men xǐ huan zài yuàn zi lǐ yǎng yì xiē jiā qín

最近几天，家禽们的反应让他们惶恐不安。
zuì jìn jǐ tiān　jiā qín men de fǎn yìng ràng tā men huáng kǒng bù ān

一到晚上，人们入睡以后，院子里的鸡鸭
yí dào wǎn shang　rén men rù shuì yǐ hòu　yuàn zi lǐ de jī yā

鹅就扑打着翅膀乱跑乱叫，难道有黄鼠狼或者
é jiù pū dǎ zhe chì bǎng luàn pǎo luàn jiào　nán dào yǒu huáng shǔ láng huò zhě

狐狸？可主人出来查看，却什么也没发现。这
hú li　kě zhǔ rén chū lái chá kàn　què shén me yě méi fā xiàn　zhè

样的情况持续了好几天，人们决定查个清楚。
yàng de qíng kuàng chí xù le hǎo jǐ tiān　rén men jué dìng chá gè qīng chu

这天晚上，大家早早地关了灯，在窗户里
zhè tiān wǎn shang　dà jiā zǎo zǎo de guān le dēng　zài chuāng hu lǐ

悄悄看着。家禽们已经睡着了，院子里静悄悄
qiāo qiāo kàn zhe　jiā qín men yǐ jīng shuì zháo le　yuàn zi lǐ jìng qiāo qiāo

的。突然，一个巨大的黑影从空中闪过。这个
de　tū rán　yí gè jù dà de hēi yǐng cóng kōng zhōng shǎn guò　zhè ge

黑影的形状很奇怪，看不出是什么东西，但是
hēi yǐng de xíng zhuàng hěn qí guài　kàn bù chū shì shén me dōng xi　dàn shì

嘴里不时地发出像鸟一样的叫声，惊醒了沉睡的家禽们。它们纷纷抬起头，拍打着翅膀朝着天空奔跑、鸣叫。

主人看着看着突然明白了：那是正要飞往南方的某种鸟，无数只鸟聚集在一起，就在夜空中形成了一个巨大的黑影。它们一边飞行一边唱歌，是在给自己鼓劲壮胆呢！

渐渐地，鸟群的叫声消失在远方，但是院子里的家禽们还在朝着天空望去。

měi lì de bái shā
美丽的白纱

*

(lái zì sēn lín de dì liù fēng diàn bào)
（来自森林的第六封电报）

yí jiào xǐng lái　　　　sēn lín pī shàng le yì céng bái bái de bó shā
一觉醒来，森林披上了一层白白的薄纱，
zǎo shuāng jiàng lín le
早霜降临了。

yǒu xiē guàn mù de yè zi yǐ jīng luò wán le　　biàn chéng le zhēn zhèng
有些灌木的叶子已经落完了，变成了真正
de guāng gǎn sī lìng
的"光杆司令"。

yí zhèn qiū fēng chuī guò　　shù shàng de yè zi xiàng xià yǔ yí yàng
一阵秋风吹过，树上的叶子像下雨一样，
huā lā lā de luò xià lái　　gěi dà dì pù shàng le yì céng hòu hòu de cǎi
哗啦啦地落下来，给大地铺上了一层厚厚的彩
sè dì tǎn
色地毯。

hú dié　　cāng ying　　jiǎ chóng zǎo yǐ
蝴蝶、苍蝇、甲虫早已
jīng zhǎo dào wēn nuǎn de dì fang cáng qǐ lái
经找到温暖的地方藏起来，
bù gǎn lòu tóu le
不敢露头了。

sēn lín lǐ de shí wù yuè lái yuè
森林里的食物越来越
shǎo le　　xiǎo niǎo men è zhe
少了，小鸟们饿着
dù zi zài shù lín lǐ fēi
肚子在树林里飞

20

来飞去，四处寻找着可以填饱肚子的东西。

鸫鸟却一点也不担心，花楸树的果实成熟了，足够它们吃得肚子滚瓜圆。就算周围没有花楸树，它们也不着急，光是隐藏在枯枝落叶中的害虫就够它们美美地吃上一阵子了。

风越来越凉，天气越来越冷，树木们为了保存体力，已经进入了梦乡。树林里安静了下来，再也听不到小鸟们欢快的叫声和树叶卖力鼓掌发出来的声响了。

都藏起来了

*

“天气一天比一天冷了，赶快找个温暖的地方藏起来吧！”动物们相互提醒自己的伙伴。

蝾螈开始行动了，它从池塘里爬出来四处张望。突然，它发现了一个腐烂的树墩，树墩上的树皮翘起来了，正好可以当被子盖。蝾螈钻进树皮的缝隙里，要舒舒服服地睡上一整个冬天。

青蛙站在池塘边上，依依不舍地环视着周

22

围的一切，说："再见了，

森林。我要冬眠

了。"随后，

它"噗通"一

声跳进池塘，钻进了

水底的淤泥里。

　　蝴蝶、苍蝇、蚊子、甲虫的个头很小，一

个小洞、一道窄窄的墙缝都能把它们藏得严严

实实的。

　　蚂蚁们不用东躲西藏，因为它们有自己的

城堡。天一冷，它们就把城堡的所有出口和入

口都封住，再冷的风都吹不进来。

　　怕冷的动物们都藏起来了，森林里越来越

安静了。

鸟类大迁徙

niǎo lèi dà qiān xǐ

给候鸟让路

gěi hòu niǎo ràng lù

*

秋高气爽的季节，如果能乘坐氢气球在空中俯视大地，将会是一件多么幸福的事呀！但是在你欣赏美景的时候，一定要当心那些正在飞往越冬地的候鸟。在寒冬到来之前飞到温暖的地方，对于候鸟来说至关重要。假如

24

错过了时机，它们就有被冻死饿死的危险。所以，如果你在空中遇到它们，一定要记得为它们让路。

候鸟的迁徙从夏末一直持续到整个秋天，不同的鸟出发的时间是不相同的。一般来说，在春天的时候来得早的鸟耐寒能力稍微强一些，所以它们出发的时间也会相应推迟，比如白嘴鸦、云雀、椋鸟、野鸭和海鸥。而在春天的时候来得晚的鸟是最怕冷的，所以它们在夏天还没结束的时候就要上路了。

cóng xī fēi dào dōng
从西飞到东

*

rén men pǔ biàn rèn wéi　　hòu niǎo dōng tiān dōu yào fēi wǎng nán fāng
人们普遍认为，候鸟冬天都要飞往南方，

shí jì shang　　tā men kě bù zhǐ zhè yì tiáo lù xiàn　　bǐ rú hóng sè de
实际上，它们可不止这一条路线。比如红色的

zhū què　　tā men yuè fèn jiù kāi shǐ chū fā le　　tā men yào cóng bō luó
朱雀，它们8月份就开始出发了。它们要从波罗

dì hǎi hǎi àn chū fā　　yí lù xiàng dōng　　tú jīng fú ěr jiā hé　　yuè
的海海岸出发，一路向东，途经伏尔加河，越

guò wù lā ěr shān jǐ　　dào dá xī bó lì yà de cǎo yuán bā lā bā
过乌拉尔山脊，到达西伯利亚的草原巴拉巴。

rán hòu zhuǎn gè wān　　yuè guò ā ěr tài shān　　měng gǔ shā mò　　zuì hòu
然后转个弯，越过阿尔泰山、蒙古沙漠，最后

zài yán rè de yìn dù luò jiǎo
在炎热的印度落脚。

tā men zǒng shì zài yè jiān fēi xíng　　bái tiān zé jìn xíng xiū xi hé
它们总是在夜间飞行，白天则进行休息和

xún zhǎo shí wù
寻找食物。

yuè de shí hou sēn lín lǐ dào
8月的时候森林里到

chù dōu yǒu kě kǒu de shí wù　　tā
处都有可口的食物，它

26

men cóng lái bú yòng wèi shí wù fā chóu kě shì kōng zhōng de qiáng dí tài duō

们从来不用为食物发愁。可是空中的强敌太多

le cāng yīng yàn sǔn huī bèi sǔn dōu shì lì hai jué sè yí

了，苍鹰、燕隼、灰背隼，都是厉害角色，一

dàn pèng shàng jiù bié xiǎng táo mìng suǒ yǐ tā men cóng lái bù dān dú xíng

旦碰上就别想逃命。所以，它们从来不单独行

dòng ér shì yào zǔ zhī duì wu yì qǐ chū fā zài fēi xíng de guò chéng

动，而是要组织队伍一起出发。在飞行的过程

zhōng tā men shuí dōu bù gǎn fàng sōng shí kè guān chá zhe zhōu wéi de yí

中，它们谁都不敢放松，时刻观察着周围的一

qiè dòng jìng

切动静。

jiù suàn shì zhè yàng hái shì huì yǒu xǔ duō huǒ bàn yīn wèi zhǒng zhǒng

就算是这样，还是会有许多伙伴因为种种

yuán yīn zài tú zhōng sǐ qù néng shùn lì de cóng bō luó dì hǎi fēi dào yìn

原因在途中死去。能顺利地从波罗的海飞到印

dù dí què bú shì yí jiàn róng yì de shì

度，的确不是一件容易的事。

27

cóng dōng fēi dào xī
从东飞到西

*

yǔ zhū què qiān xǐ de fāng xiàng xiāng fǎn　　qiū tiān yí dào　　zhēn wěi
与朱雀迁徙的方向相反，秋天一到，针尾

yě yā hé hǎi ōu jiù yào xiàng xī fēi le
野鸭和海鸥就要向西飞了。

zhēn wěi yě yā yǒu yì shēn huī sè de yǔ máo　　hǎi ōu zé pī zhe
针尾野鸭有一身灰色的羽毛，海鸥则披着

yì shēn bái sè de yī shān　　dāng tā men zài kōng zhōng xiāng yù shí　　jiù xiàng
一身白色的衣衫。当它们在空中相遇时，就像

wū yún hé bái yún jiāo zhī zài yì qǐ　　zhuàng guān jí le
乌云和白云交织在一起，壮观极了。

tā men hū shān zhe chì bǎng　　huān kuài de
它们呼扇着翅膀，欢快地

jiào zhe　　yì diǎn yě méi zhù yì dào dí rén jiù
叫着，一点也没注意到敌人就

zài shēn hòu　　zhè ge dí rén jiù shì yóu
在身后。这个敌人就是游

sǔn　　cóng zhēn wěi yě yā hé hǎi ōu chū
隼，从针尾野鸭和海鸥出

fā de shí hou　　tā jiù yì zhí gēn
发的时候，它就一直跟

28

随着它们。肚子饿了，它就捉一只野鸭或海鸥美餐一顿。吃饱喝足以后，它便蹲在岩石或者树枝上，悠闲地看着海鸥在天空飞翔、野鸭在水中嬉戏。

游隼捕杀猎物有一套自己的方法：先瞅准一个目标扑过去，用尖尖的爪子狠狠地划破猎物的脊背，在猎物落水之前飞过去抓住它，再用坚硬的喙在它的后脑上猛地一击，彻底要了它的命，然后就可以享受美味大餐了。

它将一直追随着它们，直到飞到不列颠群岛的岸边。在这里，鸭群将留下来过冬，而游隼又会飞去追逐其他南飞的鸭群。

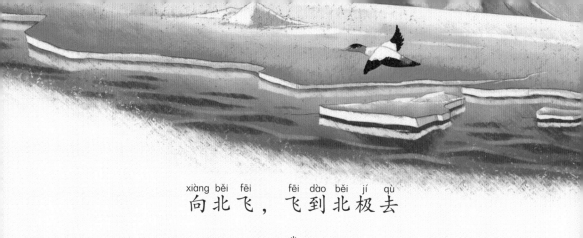

xiàng běi fēi，fēi dào běi jí qù
向北飞，飞到北极去

*

冬天，一件轻柔的羽绒服就能让我们安然过冬，你知道这些温暖的羽绒是谁提供给我们的吗？是绒鸭！在白海的坎达拉克沙保护区里生活着许多绒鸭，它们已经习惯了这样的生活轨迹：夏季就到保护区里来繁衍后代，秋季就从保护区一直往北飞，飞到寒冷的北冰洋。你一定会觉得奇怪，其他的候鸟都是飞到温暖的地方过冬，绒鸭为什么会到更加寒冷的地方呢？

这是因为到了冬天，整个白海都会被冰雪覆盖，绒鸭们根本找不到食物。而北冰洋虽然寒冷，但有些地方却是不结冰的，绒鸭们可以在那里找到海藻或者新鲜的小鱼。对于绒鸭们来说，填饱肚子是最重要的，更何况它们身上有厚厚的羽绒，再冰冷的空气都吹不透，有什么好怕的呢！如果运气好，还能看到神圣奇异的北极光，那该多幸福哇！可不是什么人都能看到北极光的哟！大洋上的太阳几个月不露面又算什么！反正它们在那里舒舒坦坦、自由自在，这里的冬夜一点也不漫长。

农庄里的新闻

丰收的果实

*

　　收割下来的粮食早就被磨成面粉，送到厨房里做成了美味的面包和馅饼。庄员们品尝着丰收的果实，幸福地笑了起来。

　　亚麻被收割下来，正平躺在宽阔的空地上接受风吹、日晒和雨淋的考验，不久以后，它们就会被送到打谷场进行加工，真正发挥自己

的作用了。

土豆离开自己生长的土地，被放进干燥松软的沙坑里埋了起来，这可以让它们一直保持新鲜。

田野里变得空空如也，但庄员们可没有闲着，他们正在准备新一轮的耕作，适合秋天播种的植物马上就要闪耀登场了，平淡的日子就这样在耕种和收获的反复交替中变得红红火火。

狩猎灰山鹑的日子就要结束了，灰山鹑的胆子大了起来，成群结队地在田野里悠闲地迈着步子，好像在检阅庄员们的工作呢！

tiāo xuǎn mǔ jī
挑选母鸡

*

　　养鸡场乱糟糟的，母鸡们不时发出惊恐的叫声。原来是工人正在为养鸡专家挑选品种优良、产蛋多的母鸡呢！

　　虽然母鸡们个个会下蛋，但蛋的大小、光泽却不一样，口感也不同，这很大程度是受母鸡的生长情况和精神状态影响的。所以专家们想挑出一只个头大、精力充沛又活泼的母鸡。

　　挑选母鸡是个技术活，但这难不倒专家。只见工人随手抓住一只母鸡交给专家，专家眯着眼睛左看右看，皱着眉头把鸡还给工人说："不行，鸡冠子小小的，没有一点血色，产蛋

质量一定高不了。”

　　接着，工人又把一只母鸡交到专家手上，这次专家终于露出了笑脸：“这只不错，个头大，身体结实。鸡冠子红红的，两只眼睛炯炯有神，是个会下蛋的好苗子。”专家抱着挑选出来的母鸡，心满意足地走了。

　　那些没被选上的母鸡，很快就从惊恐中回过神来，咕咕叫着去寻找食物了。

小鲤鱼搬家

xiǎo lǐ yú bān jiā

*

农庄里有一个浅浅的小水塘。今年春天，鲤鱼妈妈在里面产下了一堆卵，这些小家伙挤在一起，就像一座小山，谁都不知道究竟有多少个。

几天后，鲤鱼妈妈突然尖叫起来："天哪，卵里竟然孵化出了70万尾小鱼苗。我有70万个孩子了！"鲤鱼妈妈还没高兴多久，又开始发愁了：小鱼苗长得太快，把小小的水塘都挤满了，这样下去会影响小鱼苗的生长。

幸运的是，农庄居民们也意识到了这个问题，赶紧把小鱼苗们送到了大水塘里。小鱼苗们在大水塘里快活地生长着，还没到秋天，就变成了正经八百的小鲤鱼。

这几天，天气越来越冷，水越来越凉了，小鲤鱼们又要搬家了。这一次，庄员们为它们准备了一个专门用来过冬的大水塘，小鲤鱼们要在里面住上整整一个冬天。明年春天，它们就会长成大鲤鱼，说不定连妈妈都认不出来了呢！

<ruby>快<rt>kuài</rt></ruby><ruby>活<rt>huo</rt></ruby><ruby>的<rt>de</rt></ruby><ruby>农<rt>nóng</rt></ruby><ruby>场<rt>chǎng</rt></ruby><ruby>劳<rt>láo</rt></ruby><ruby>动<rt>dòng</rt></ruby>

快活的农场劳动

*

<ruby>星<rt>xīng</rt></ruby><ruby>期<rt>qī</rt></ruby><ruby>天<rt>tiān</rt></ruby>，<ruby>几<rt>jǐ</rt></ruby><ruby>个<rt>gè</rt></ruby><ruby>小<rt>xiǎo</rt></ruby><ruby>学<rt>xué</rt></ruby><ruby>生<rt>shēng</rt></ruby><ruby>来<rt>lái</rt></ruby><ruby>农<rt>nóng</rt></ruby><ruby>场<rt>chǎng</rt></ruby><ruby>帮<rt>bāng</rt></ruby><ruby>忙<rt>máng</rt></ruby><ruby>了<rt>le</rt></ruby>。<ruby>他<rt>tā</rt></ruby><ruby>们<rt>men</rt></ruby><ruby>负<rt>fù</rt></ruby><ruby>责<rt>zé</rt></ruby><ruby>从<rt>cóng</rt></ruby><ruby>土<rt>tǔ</rt></ruby><ruby>里<rt>lǐ</rt></ruby><ruby>挖<rt>wā</rt></ruby><ruby>甜<rt>tián</rt></ruby><ruby>菜<rt>cài</rt></ruby>、<ruby>冬<rt>dōng</rt></ruby><ruby>油<rt>yóu</rt></ruby><ruby>菜<rt>cài</rt></ruby>、<ruby>萝<rt>luó</rt></ruby><ruby>卜<rt>bo</rt></ruby>、<ruby>胡<rt>hú</rt></ruby><ruby>萝<rt>luó</rt></ruby><ruby>卜<rt>bo</rt></ruby><ruby>和<rt>hé</rt></ruby><ruby>欧<rt>ōu</rt></ruby><ruby>芹<rt>qín</rt></ruby>。<ruby>这<rt>zhè</rt></ruby><ruby>项<rt>xiàng</rt></ruby><ruby>工<rt>gōng</rt></ruby><ruby>作<rt>zuò</rt></ruby>，<ruby>在<rt>zài</rt></ruby><ruby>他<rt>tā</rt></ruby><ruby>们<rt>men</rt></ruby><ruby>眼<rt>yǎn</rt></ruby><ruby>里<rt>lǐ</rt></ruby><ruby>既<rt>jì</rt></ruby><ruby>新<rt>xīn</rt></ruby><ruby>奇<rt>qí</rt></ruby><ruby>又<rt>yòu</rt></ruby><ruby>有<rt>yǒu</rt></ruby><ruby>趣<rt>qù</rt></ruby>。

<ruby>他<rt>tā</rt></ruby><ruby>们<rt>men</rt></ruby><ruby>一<rt>yì</rt></ruby><ruby>边<rt>biān</rt></ruby><ruby>玩<rt>wán</rt></ruby><ruby>一<rt>yì</rt></ruby><ruby>边<rt>biān</rt></ruby><ruby>干<rt>gàn</rt></ruby><ruby>活<rt>huó</rt></ruby>，<ruby>还<rt>hái</rt></ruby><ruby>有<rt>yǒu</rt></ruby><ruby>几<rt>jǐ</rt></ruby><ruby>个<rt>gè</rt></ruby><ruby>同<rt>tóng</rt></ruby><ruby>学<rt>xué</rt></ruby><ruby>把<rt>bǎ</rt></ruby><ruby>冬<rt>dōng</rt></ruby><ruby>油<rt>yóu</rt></ruby><ruby>菜<rt>cài</rt></ruby><ruby>的<rt>de</rt></ruby><ruby>块<rt>kuài</rt></ruby><ruby>根<rt>gēn</rt></ruby><ruby>当<rt>dàng</rt></ruby><ruby>成<rt>chéng</rt></ruby><ruby>手<rt>shǒu</rt></ruby><ruby>榴<rt>liú</rt></ruby><ruby>弹<rt>dàn</rt></ruby><ruby>扔<rt>rēng</rt></ruby><ruby>出<rt>chū</rt></ruby><ruby>去<rt>qù</rt></ruby>，<ruby>引<rt>yǐn</rt></ruby><ruby>起<rt>qǐ</rt></ruby><ruby>哄<rt>hōng</rt></ruby><ruby>堂<rt>táng</rt></ruby><ruby>大<rt>dà</rt></ruby><ruby>笑<rt>xiào</rt></ruby>。<ruby>农<rt>nóng</rt></ruby><ruby>场<rt>chǎng</rt></ruby><ruby>里<rt>lǐ</rt></ruby><ruby>有<rt>yǒu</rt></ruby><ruby>了<rt>le</rt></ruby><ruby>他<rt>tā</rt></ruby><ruby>们<rt>men</rt></ruby>，<ruby>到<rt>dào</rt></ruby><ruby>处<rt>chù</rt></ruby><ruby>都<rt>dōu</rt></ruby><ruby>充<rt>chōng</rt></ruby><ruby>满<rt>mǎn</rt></ruby><ruby>了<rt>le</rt></ruby><ruby>欢<rt>huān</rt></ruby><ruby>声<rt>shēng</rt></ruby><ruby>笑<rt>xiào</rt></ruby><ruby>语<rt>yǔ</rt></ruby>。

偷蜂蜜的贼

*

没有了盛开的鲜花，蜜蜂们就老老实实地待在蜂箱里，聊天唱歌或者睡大觉。

"哈哈，现在正是偷蜂蜜的好时候。"一只黄蜂快速地扇动翅膀，直冲蜂箱飞过来。忽然，一阵甜蜜的香味从蜂箱上面飘过来。原来树枝上挂着一个玻璃瓶子，香甜的味道就是从那里飘出来的。

"哇！一瓶蜂蜜，它是我的了。"黄蜂一头钻进瓶子，被牢牢地粘住了。原来，这是养蜂工人专门设下的甜蜜陷阱，他们早已经发现了黄蜂的小把戏。

39

和猫一样大的仓鼠

hé māo yí yàng dà de cāng shǔ

*

一天，我们正在菜园里挖土豆。突然，菜地边上传来了一阵古怪的声音，那声音很粗，像一个技术非常差劲的乐师在吹笛子，又像一个调皮的孩子哭泣。我们好奇地寻找着，发现声音是从地底下传出来的。

下面藏着什么？会不会是非常可怕的东西？我们呆呆地站在原地瞪圆了眼睛盯着那个地方，全都屏住呼吸，谁也不敢说话。

这时，我们带来的小狗汪汪叫着跑过去，

疯狂地用爪子刨起地上的土来。没用多长时间，它刨出了一个小土坑，很快小坑越来越大，一只毛茸茸的脑袋露了出来。小狗兴奋极了，一口就把它从土坑里叼了出来。这时我们才看清楚，那是一只仓鼠。但它的个头比一般的老鼠要大，和平常人家养的猫差不多。它在小狗的嘴里拼命地挣扎，找准机会，狠狠地咬了小狗一口，小狗疼得大叫一声，把它甩到了地上，仓鼠趁机溜走了。

这一切发生得太快了，就像一场梦一样。

41

狩猎故事

识破伪装

*

一群大雁正在田地里觅食，一匹马啃着麦茬，慢慢靠近了它们。大雁心想：马有什么危险的呢？我们要提防的是猎狗和猎人。所以它们没把马放在心上，继续低头享受美食。马离它们越来越近了，负责警戒的大雁盯着马，觉

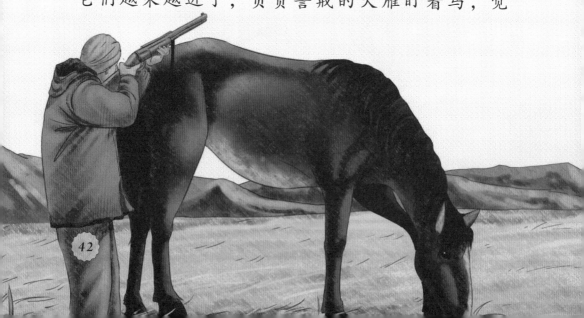

得有点不对劲。

马是有四条腿的，这谁
都知道。可是这匹马为什么多
出来两条腿？

不好，有情况！负责警戒的大雁一边向
雁群发出警告，一边飞起来查看情况。果然，
一个猎人正端着枪，躲在马背后面，准备开
枪呢！

"快跑，有猎人！"

大雁们腾空而起，飞到了空中。猎人朝着
空中开了两枪，但一只大雁也没有打中。

"真扫兴，白忙活一场。"猎人恨恨地咒
骂了一句。

大雁们则得意地在空中高歌呢，又逃过了
一劫，多亏那只大雁及早识破了猎人的伪装。

储备
粮食月

秋天第二个月

10月：天气越来越冷了

*

10月，风更凉了，天更冷了，是时候为过冬做准备了。

绵绵细雨接连下了几天，到处都湿漉漉的。乌鸦抖落翅膀上的雨水，动身飞往南方了。直到现在我们才明白，原来有一部分乌鸦也是候鸟。

水面上越来越冷了，在水中开花的植物褪去了鲜艳的色彩，变得干枯了。

青蛙停止了歌唱，钻进淤泥里；蛇把自己盘成一团，钻进了背风的土坑里……

不冬眠的动物们也在忙着为过冬做准备：换上厚厚的皮大衣，储备足够的粮食，为自己建一个温暖的新家。大家都在紧张地忙碌着。

tián shǔ de miào zhāo
田鼠的 "妙招"

*

duì yú chǔ bèi liáng shi　　dòng wù men gè yǒu gè de miào zhāo
对于储备粮食，动物们各有各的妙招。

tián shǔ suī rán gè tóu xiǎo　　què yí dù zi guǐ xīn yǎn　　wèi le
田鼠虽然个头小，却一肚子鬼心眼。为了

tōu liáng shi gèng fāng biàn　　gèng shùn shǒu　　tā jìng rán zhuàng zhe dǎn zi　　bǎ
偷粮食更方便、更顺手，它竟然壮着胆子，把

zì jǐ de dòng xué wā zài le gǔ cāng huò liáng shi duò xià miàn　　zhè yàng yì
自己的洞穴挖在了谷仓或粮食垛下面。这样一

lái　　tā jiù néng shén bù zhī guǐ bù jué de bǎ liáng shi bān dào zì jǐ de
来，它就能神不知鬼不觉地把粮食搬到自己的

dòng xué lǐ le
洞穴里了。

zài lái kàn kan tián shǔ de dòng xué　　tā kě bú shì yí gè jiǎn
再来看看田鼠的洞穴，它可不是一个简

jiǎn dān dān de dòng　　lǐ miàn de mén dao kě duō le　　yì bān qíng kuàng
简单单的洞，里面的门道可多了。一般情况

xià　　guāng shì tōng xiàng dòng xué de tōng dào jiù yǒu hǎo jǐ tiáo　　měi yì
下，光是通向洞穴的通道就有好几条，每一

tiáo dōu yǒu dān dú de chū rù kǒu　　jiù suàn bù qiǎo bèi rén lèi huò qí tā
条都有单独的出入口。就算不巧被人类或其他

·学而思大语文分级阅读·

敌人发现了，它们也可以尽快脱身，把损失降到最低。洞穴中又分为几个不同的房间，有卧室，有粮仓。如果按现在的标准来看，田鼠住的可以算得上别墅了。

你无法想象田鼠的洞穴有多大，据可靠消息称，有人曾在一个田鼠洞里挖出四五千克粮食呢！这样算起来，它们给人类造成的损失可真不小，所以大家应该重视起来，想办法消灭这些小毛贼。

水獭和松鼠

*

短耳朵的水獭本来有一套属于自己的别墅，但现在为了迎接寒冷的冬天，它又在草甸上为自己建了一座舒适的小屋。

小屋分为卧室和仓库，卧室里铺着水獭精心挑选的干草，睡在上面既温暖又舒服。仓库里堆放着许多种粮食，如：豌豆、谷子、土豆、葱头等，但这些粮食不是杂乱地堆放在一起，而是严格地按照品种分类放置的。所以，就算是粮食再多，仓库里也不会乱成一锅粥。这样看起来，水獭还是个整洁平净，做事井井有条的家伙呢！

坚果是松鼠的最爱，所以秋天一到，松鼠就开始了到处收集坚果的

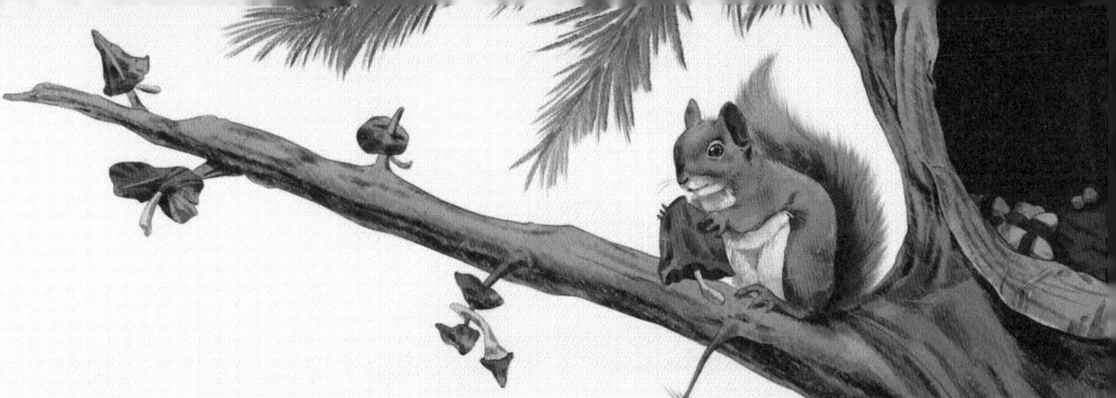

gōng zuò zhí dào bǎ liáng cāng quán
工作，直到把粮仓全
bù duī mǎn tā cái tíng xià lái zài
部堆满，它才停下来，再
yòng ní tǔ huò zhě luò yè bǎ dòng kǒu dǔ zhù shēng
用泥土或者落叶把洞口堵住，生
pà yǒu rén huì bǎ jiān guǒ tōu zǒu
怕有人会把坚果偷走。

chú le jiān guǒ yǐ wài sōng shǔ hái xǐ huan shài mó gu
除了坚果以外，松鼠还喜欢晒蘑菇
gān tā bǎ ruǎn ruǎn de mó gu cǎi xià lái chā zài shù zhī shàng liàng gān
干。它把软软的蘑菇采下来，插在树枝上晾干
zhī hòu chǔ cún qǐ lái dào le dōng tiān jiù bú yòng dān xīn ái è le
之后储存起来，到了冬天就不用担心挨饿了。
duō me cōng míng de sōng shǔ wa
多么聪明的松鼠哇！

<ruby>活<rt>huó</rt></ruby><ruby>动<rt>dòng</rt></ruby><ruby>的<rt>de</rt></ruby><ruby>粮<rt>liáng</rt></ruby><ruby>仓<rt>cāng</rt></ruby>

*

<ruby>你<rt>nǐ</rt></ruby><ruby>以<rt>yǐ</rt></ruby><ruby>为<rt>wéi</rt></ruby><ruby>粮<rt>liáng</rt></ruby><ruby>仓<rt>cāng</rt></ruby><ruby>都<rt>dōu</rt></ruby><ruby>是<rt>shì</rt></ruby><ruby>固<rt>gù</rt></ruby><ruby>定<rt>dìng</rt></ruby><ruby>不<rt>bú</rt></ruby><ruby>动<rt>dòng</rt></ruby><ruby>的<rt>de</rt></ruby><ruby>吗<rt>ma</rt></ruby>？<ruby>可<rt>kě</rt></ruby><ruby>不<rt>bú</rt></ruby><ruby>是<rt>shì</rt></ruby><ruby>哟<rt>yo</rt></ruby>！<ruby>大<rt>dà</rt></ruby><ruby>千<rt>qiān</rt></ruby><ruby>世<rt>shì</rt></ruby><ruby>界<rt>jiè</rt></ruby><ruby>无<rt>wú</rt></ruby><ruby>奇<rt>qí</rt></ruby><ruby>不<rt>bù</rt></ruby><ruby>有<rt>yǒu</rt></ruby>，<ruby>现<rt>xiàn</rt></ruby><ruby>在<rt>zài</rt></ruby><ruby>我<rt>wǒ</rt></ruby><ruby>就<rt>jiù</rt></ruby><ruby>给<rt>gěi</rt></ruby><ruby>大<rt>dà</rt></ruby><ruby>家<rt>jiā</rt></ruby><ruby>介<rt>jiè</rt></ruby><ruby>绍<rt>shào</rt></ruby><ruby>几<rt>jǐ</rt></ruby><ruby>个<rt>gè</rt></ruby><ruby>活<rt>huó</rt></ruby><ruby>动<rt>dòng</rt></ruby><ruby>的<rt>de</rt></ruby><ruby>粮<rt>liáng</rt></ruby><ruby>仓<rt>cāng</rt></ruby>。

<ruby>夏<rt>xià</rt></ruby><ruby>季<rt>jì</rt></ruby>，<ruby>姬<rt>jī</rt></ruby><ruby>蜂<rt>fēng</rt></ruby><ruby>把<rt>bǎ</rt></ruby><ruby>刺<rt>cì</rt></ruby><ruby>扎<rt>zhā</rt></ruby><ruby>进<rt>jìn</rt></ruby><ruby>了<rt>le</rt></ruby><ruby>蝴<rt>hú</rt></ruby><ruby>蝶<rt>dié</rt></ruby><ruby>幼<rt>yòu</rt></ruby><ruby>虫<rt>chóng</rt></ruby><ruby>的<rt>de</rt></ruby><ruby>身<rt>shēn</rt></ruby><ruby>体<rt>tǐ</rt></ruby><ruby>里<rt>lǐ</rt></ruby>，<ruby>但<rt>dàn</rt></ruby><ruby>它<rt>tā</rt></ruby><ruby>释<rt>shì</rt></ruby><ruby>放<rt>fàng</rt></ruby><ruby>出<rt>chū</rt></ruby><ruby>来<rt>lái</rt></ruby><ruby>的<rt>de</rt></ruby><ruby>不<rt>bú</rt></ruby><ruby>是<rt>shì</rt></ruby><ruby>毒<rt>dú</rt></ruby><ruby>液<rt>yè</rt></ruby>，<ruby>而<rt>ér</rt></ruby><ruby>是<rt>shì</rt></ruby><ruby>自<rt>zì</rt></ruby><ruby>己<rt>jǐ</rt></ruby><ruby>的<rt>de</rt></ruby><ruby>卵<rt>luǎn</rt></ruby>。<ruby>它<rt>tā</rt></ruby><ruby>要<rt>yào</rt></ruby><ruby>让<rt>ràng</rt></ruby><ruby>蝴<rt>hú</rt></ruby><ruby>蝶<rt>dié</rt></ruby><ruby>幼<rt>yòu</rt></ruby><ruby>虫<rt>chóng</rt></ruby><ruby>给<rt>gěi</rt></ruby><ruby>自<rt>zì</rt></ruby><ruby>己<rt>jǐ</rt></ruby><ruby>的<rt>de</rt></ruby><ruby>孩<rt>hái</rt></ruby><ruby>子<rt>zi</rt></ruby><ruby>们<rt>men</rt></ruby><ruby>当<rt>dāng</rt></ruby><ruby>活<rt>huó</rt></ruby><ruby>动<rt>dòng</rt></ruby><ruby>的<rt>de</rt></ruby><ruby>粮<rt>liáng</rt></ruby><ruby>仓<rt>cāng</rt></ruby>，<ruby>傻<rt>shǎ</rt></ruby><ruby>傻<rt>shǎ</rt></ruby><ruby>的<rt>de</rt></ruby><ruby>蝴<rt>hú</rt></ruby><ruby>蝶<rt>dié</rt></ruby><ruby>幼<rt>yòu</rt></ruby><ruby>虫<rt>chóng</rt></ruby><ruby>还<rt>hái</rt></ruby><ruby>不<rt>bù</rt></ruby><ruby>知<rt>zhī</rt></ruby><ruby>道<rt>dào</rt></ruby><ruby>呢<rt>ne</rt></ruby>！

<ruby>到<rt>dào</rt></ruby><ruby>了<rt>le</rt></ruby><ruby>秋<rt>qiū</rt></ruby><ruby>天<rt>tiān</rt></ruby>，<ruby>蝴<rt>hú</rt></ruby><ruby>蝶<rt>dié</rt></ruby><ruby>幼<rt>yòu</rt></ruby><ruby>虫<rt>chóng</rt></ruby><ruby>用<rt>yòng</rt></ruby><ruby>茧<rt>jiǎn</rt></ruby><ruby>把<rt>bǎ</rt></ruby><ruby>自<rt>zì</rt></ruby><ruby>己<rt>jǐ</rt></ruby><ruby>包<rt>bāo</rt></ruby><ruby>起<rt>qǐ</rt></ruby><ruby>来<rt>lái</rt></ruby>。

而此时，姬蜂的卵却孵化成幼虫，毫不留情地把蝴蝶幼虫吃掉了。于是，第二年夏天，一个有趣的事情发生了：当茧重新打开，一群细胳膊细腿，长有黑黄红三种颜色的小姬蜂们从里面飞出来了。虽然姬蜂产卵的方式不光明正大，但姬蜂对人类来说却是益虫。

熊和獾身上的脂肪，也是活动的粮仓。在冬天来临之前，它们会不停地吃，让身上堆满脂肪。当没有食物可以吃的时候，脂肪就会在分解后渗透到血液里，血液再把营养输送到全身，这样它们就不会饿了。

植物已经做好准备

*

树木的叶子已经开始飘落，形状各异的种子在寒风中露出头来。

有一种椴树的果实是棕红色的，上面长有翅状叶果舌，在白雪的映衬下显得格外漂亮。

山杨树上挂着一串串果荚，种子们正在果荚里面睡大觉呢。花楸像一串串红色的宝石，是小鸟最爱的美食。

白桦树和赤杨树的枝头已经长出了柔荑花序，等到春天来临，柔荑花序就会敞开怀抱，尽情绽放。

52

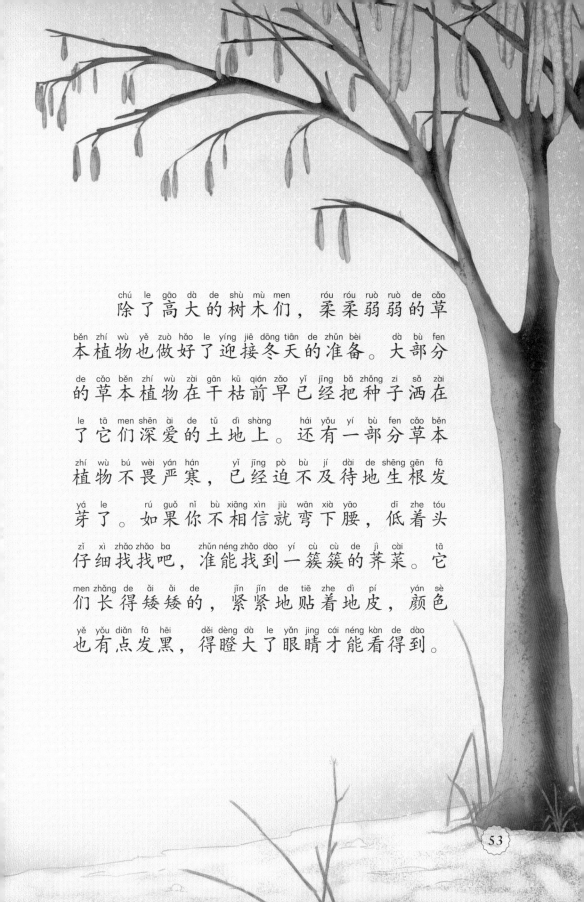

　　chú le gāo dà de shù mù men　　róu róu ruò ruò de cǎo
除了高大的树木们，柔柔弱弱的草

běn zhí wù yě zuò hǎo le yíng jiē dōng tiān de zhǔn bèi　　dà bù fen
本植物也做好了迎接冬天的准备。大部分

de cǎo běn zhí wù zài gān kū qián zǎo yǐ jīng bǎ zhǒng zi sǎ zài
的草本植物在干枯前早已经把种子洒在

le tā men shēn ài de tǔ dì shàng　　hái yǒu yí bù fen cǎo běn
了它们深爱的土地上。还有一部分草本

zhí wù bú wèi yán hán　　yǐ jīng pò bù jí dài de shēng gēn fā
植物不畏严寒，已经迫不及待地生根发

yá le　　rú guǒ nǐ bù xiāng xìn jiù wān xià yāo　　dī zhe tóu
芽了。如果你不相信就弯下腰，低着头

zǐ xì zhǎo zhǎo ba　　zhǔn néng zhǎo dào yí cù cù de jì cài　　tā
仔细找找吧，准能找到一簇簇的荠菜。它

men zhǎng de ǎi ǎi de　　jǐn jǐn de tiē zhe dì pí　　yán sè
们长得矮矮的，紧紧地贴着地皮，颜色

yě yǒu diǎn fā hēi　　děi dèng dà le yǎn jing cái néng kàn de dào
也有点发黑，得瞪大了眼睛才能看得到。

森林里的新闻

当强盗遇上贼

*

森林里住着一只长耳猫头鹰，它长着一张铁钩一样的嘴巴，两个灯泡一样的眼睛，头上的羽毛向上竖起，浑身上下透着一股杀气。

漆黑的夜晚，森林里安静下来。忽然，一阵窸窸窣窣的声音从远处传来。"有老鼠！"猫头鹰像箭一样扑过去，抓住老鼠扔进了树洞里。凭着这样高超的技术，树洞很快就被猎物塞满了。

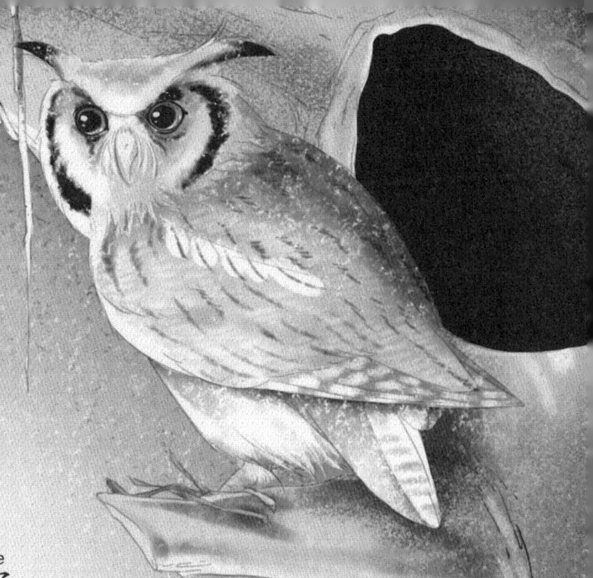

kě shì bù zhī dào cóng shén
可是不知道从什
me shí hou kāi shǐ shù dòng lǐ
么时候开始，树洞里
de lǎo shǔ biàn de yuè lái yuè shǎo
的老鼠变得越来越少
le zuì hòu jìng rán yì zhī yě méi le
了，最后竟然一只也没了。

shì shuí tōu zǒu le wǒ de liè wù māo tóu yīng
“是谁偷走了我的猎物？”猫头鹰
dèng yuán le yǎn jing kàn jiàn yì zhī huī sè de xiǎo dòng wù
瞪圆了眼睛，看见一只灰色的小动物
diāo zhe yì zhī lǎo shǔ táo zǒu le
叼着一只老鼠逃走了。

zhàn zhù māo tóu yīng qì jí bài huài de zhuī guò qù
“站住！”猫头鹰气急败坏地追过去。

jiù zài zhè shí xiǎo tōu měng de yì huí tóu cháng ěr
就在这时，小偷猛地一回头，长耳
māo tóu yīng xià dāi le yuán lái tā shì hè hè yǒu míng de líng
猫头鹰吓呆了。原来，它是赫赫有名的伶
yòu rú guǒ bèi tā yǎo zhù tā sǐ yě bú huì sōng kǒu de
鼬。如果被它咬住，它死也不会松口的。
cháng ěr māo tóu yīng rě bù qǐ zhǐ néng wú nài de zǒu kāi le
长耳猫头鹰惹不起，只能无奈地走开了。

xià tiān yòu huí lái le ma
夏天又回来了吗？

*

jīn tiān de yáng guāng gé wài míng liàng wēn nuǎn　　hǎo xiàng chūn tiān yòu huí
今天的阳光格外明亮温暖，好像春天又回
lái le yí yàng　　huáng sè de pú gōng yīng hé bào chūn huā cóng cǎo cóng xià miàn
来了一样。黄色的蒲公英和报春花从草丛下面
tàn chū nǎo dai　　xiǎo niǎo zhàn zài zhī tóu　　qiào zhe wěi ba mài lì de gē
探出脑袋；小鸟站在枝头，翘着尾巴卖力地歌
chàng　　hú dié hū péng yǐn bàn　　piān piān qǐ wǔ　　tā men dōu zài huān yíng
唱；蝴蝶呼朋引伴，翩翩起舞。它们都在欢迎
xià tiān ne
夏天呢！

chí táng lǐ de bīng huà le　　zhuāng yuán men zhuā zhù zhè ge nán dé de
池塘里的冰化了，庄员们抓住这个难得的
jī huì　　lái qīng lǐ chí táng zhōng de yū ní　　tā men yì biān zàn tàn zhe
机会，来清理池塘中的淤泥。他们一边赞叹着
wēn nuǎn de tiān qì　　yì biān yòng tiě qiāo bǎ yū ní wā chū lái duī dào àn
温暖的天气，一边用铁锹把淤泥挖出来堆到岸
biān de kòng dì shàng　　hū rán　　yū ní duī lǐ dòng le yí xià　　yǒu yì
边的空地上。忽然，淤泥堆里动了一下，有一
xiǎo tuán yū ní jìng rán bèng bèng tiào tiào de táo zǒu le　　jiē zhe　　yòu yì
小团淤泥竟然蹦蹦跳跳地逃走了。接着，又一

tuán yū ní niǔ zhe shēn zi tiào huí le chí táng lǐ
团淤泥扭着身子跳回了池塘里。

yuán lái zhuāng yuán men yí bù xiǎo xīn bǎ duǒ zài yū ní lǐ de
原来，庄员们一不小心，把躲在淤泥里的

qīng wā hé jì yú wā chū lái le
青蛙和鲫鱼挖出来了。

jì yú lí bù kāi shuǐ gǎn máng tiào jìn le chí táng qīng wā yǐ
鲫鱼离不开水，赶忙跳进了池塘。青蛙以

wéi xià tiān huí lái le biàn bèng bèng tiào tiào de lái dào dà lù shàng
为夏天回来了，便蹦蹦跳跳地来到大路上。

jiù zài zhè ge shí hou běi fēng guā qǐ lái le tài yáng duǒ jìn
就在这个时候，北风刮起来了，太阳躲进

le hòu hòu de wū yún bèi zi lǐ hǎo lěng a qīng wā xǐng guò shén
了厚厚的乌云被子里。"好冷啊！"青蛙醒过神

lái xiǎng tiào huí chí táng zhōng kě shì tā de shēn tǐ bèi dòng jiāng le
来，想跳回池塘中，可是它的身体被冻僵了，

méi guò duō jiǔ jiù dòng sǐ le
没过多久就冻死了。

bĕn lĭng gāo chāo de xīng yā
本领高超的星鸦

*

　　xīng yā shēn shàng zhǎng mǎn bān diǎn　　jiù xiàng yè kōng zhōng de diǎn diǎn
　　星鸦身上长满斑点，就像夜空中的点点
fán xīng　　piào liang jí le
繁星，漂亮极了。

　　dōng tiān lái lín zhī qián　　xīng yā bǎ cǎi jí lái de shí wù cún fàng
　　冬天来临之前，星鸦把采集来的食物存放
zài shù dòng lǐ　　dàn tā men bú shì wèi zì jǐ　　ér shì wèi qí tā xīng
在树洞里。但它们不是为自己，而是为其他星
yā zhǔn bèi de　　zhè shì yīn wèi xīng yā xǐ huan dào chù liú làng　　dāng tā
鸦准备的。这是因为星鸦喜欢到处流浪，当它
men gǎn dào jī è de shí hou　　suí biàn fēi jìn yí piàn shù lín　　jiù néng
们感到饥饿的时候，随便飞进一片树林，就能
zhǔn què wú wù de zhǎo dào qí tā xīng yā chǔ cún de shí wù　　zhè me gāo
准确无误地找到其他星鸦储存的食物。这么高
chāo de bĕn lĭng　　xīng yā shì zěn yàng liàn chéng de　　zhè hái zhēn shì gè
超的本领，星鸦是怎样练成的？这还真是个
mí ya
谜呀！

shòu jīng xià de xiǎo xuě tù
受惊吓的小雪兔

*

树上的叶子落光了，草也干枯了，树林里变得空阔起来，连个藏身的地方都没有。小雪兔只能趴在灌木丛后面，紧张地观察着周围的情况。

突然，一阵窸窸窣窣的声音响起来。小雪兔吓了一跳，是猎人，还是狐狸？小雪兔吓得浑身发抖，在心里祈祷说："快下雪吧，下了雪我就可以藏在雪地里，谁都看不见我了。"

巫婆的扫帚

*

　　光秃秃的白桦林突然冒出许多鸟窝，那是白嘴鸦的窝吗？不不，仔细瞧瞧，那根本不是鸟窝，而是一团细细的枝条交织在一起，当地人叫它"巫婆的扫帚"。传说是巫婆骑着扫帚经过的时候，把疾病丢到了树枝上才长出来的。

　　当然喽，这只是个传说，世界上根本就没有巫婆，更不会有巫婆的扫帚。那团鸟窝状的枝条实际上是生病了，而引起这种病的是蝉螨和真菌。

　　蝉螨喜欢叮咬树木的幼芽，它们的分泌物有一种神奇的作用：能让幼芽以超乎寻常的速度快速生长。

新的枝条刚长出来，蝉螨又爬到新枝条上叮咬，新枝条又继续分叉，就这样，枝条越长越多，很快就成了一团，活像一个鸟窝。

除了蝉螨以外，寄生类真菌的胚芽也会让枝条疯狂地分叉生长，最后变成了丑陋的"巫婆扫帚"。

大自然的使者

*

　　在植树造林的活动中，孩子们比大人还要热情高涨。平日里那些喜欢调皮捣蛋、冒冒失失的小家伙们，在挖出小树苗的时候全都变得非常小心，生怕伤到小树的根。

　　让大人们感到更加欣慰的是，孩子们不但热爱劳动，还喜欢开动脑筋，把低矮的灌木、小树或者收集来的种子，种到花园和学校的周围，建成一排活篱笆的主意就是他们想出来的。

　　事实证明，活篱笆的主意棒极了。

　　春天，活篱笆上会开出美丽的花朵，装扮校园；夏天，小鸟们会在活篱笆上筑巢、唱歌，害虫们听见小鸟的歌声，就不敢出来搞破坏了；秋天，孩子们既可以亲眼看着活篱笆由绿色变成黄色，还能认识各种各样的果实；冬天，大雪会为活篱笆披上白色的斗篷，让它变得更漂亮。

有了这些活篱笆，孩子们一年四季都会发现不同的乐趣，是他们亲手把大自然带到了身边，孩子们才是大自然的使者。

niǎo lèi dà qiān xǐ
鸟类大迁徙

*

　　长久以来，我们认为鸟类迁徙到一个地方，是因为那里有适合它们生存的环境。但事实并非如此，通过一系列的研究，我们发现一部分候鸟的迁徙和冰川的侵袭有关。当受到冰川侵袭时，小鸟们为了保住性命不得不飞到远方，等冰川消退以后，它们又回到自己的故乡。这样的过程在数千年的历史长河中不断重复，鸟类就形成了一个固有的习惯：当秋季

天气变冷的时候，它们就下意识地离开自己的家乡，到温暖的地方过冬，天气变暖的时候再飞回来，而它们的飞行路线和落脚的地方也固定了下来。

然而，并不是所有候鸟迁徙都是因为冰川，比如朱雀和黄莺，这两种鸟的羽毛都非常艳丽，和本地的鸟不太一样。我们猜测，也许在它们的家乡同类的鸟太多了，没有了栖息的地方，所以有些鸟会被迫离开家乡，去遥远的北方生活。而到了冬天，冰天雪地的北方没有了食物，它们只能飞回家乡去小住一段时间，等天气暖和了再重新飞回来。于是，迁徙就这样形成了。

农庄里的新闻

nóng zhuāng lǐ de xīn wén

空荡荡的田野

kōng dàng dàng de tián yě

*

田里的庄稼都收割完了，田野里空荡荡的。

庄员们正在商量着接下来的播种计划，这关系到明年的收成，马虎不得。商量之后，他们决定播种专业育种站培育的黑麦和小麦，这些种子都是精心培育出来的，收成肯定差不了。

田野里没有了鲜美多汁的嫩草，牛羊饿得直叫唤，马也焦躁地踏着地面，发出抗议的"哒哒"声。丰收的季节，粮仓都满了，怎么能让它们挨饿呢！庄员们走过来，把牛和羊赶进畜栏，把马赶回马厩，那里有为它们精心准备的食物。它们都是功臣，庄员们永远不会忘的。

猎人们对山鹑失去兴趣，都忙着去打肥嘟嘟的兔子了。山鹑壮着胆子飞过田野，有的在谷仓下面过夜，有的还飞到村子里，享受来之不易的自由。

采集树种

*

树木结出了丰盛的果实，园林工人们正在忙碌地采集树种。大部分树木的果实成熟期都很短，所以一旦果实成熟，必须马上采摘，错过最佳时机，就会影响种子发芽生长。

采集树种的工作非常有趣，低矮的灌木树种可以直接用手摘下来放在袋子里，遇到比较高的树，比如银杏树，就要用长长的竹竿把种子击落，或者用高枝剪剪下树枝，让种子自然风干后再摘取。

鸡和灯泡

*

天黑得越来越早了，鸡舍里的鸡早早地做好了入睡的准备。这可不行，鸡要多活动多吃食才能长得健壮，产出更好的蛋。于是，工作人员想出了一个巧妙的方法——给鸡舍里安装电灯。

夜幕降临的时候，鸡刚刚闭上眼睛，灯亮了，鸡舍里变得比白天还明亮。所有的鸡都歪着脑袋打量着屋顶上的灯泡，好像在示威说："嘿，你是谁？为什么不让我们睡觉？"

不管怎样，这些鸡此刻是睡不着了。

gěi shí wù jiā diǎn liào
给食物加点料

*

    牲畜家禽和人类一样，也需要丰富的营养保持身体健康。而给它们增加营养的方法就是在饲料里添加干草粉。干草粉，就是把优良的牧草或树叶晒干后制成的粉，做法简单，但营养非常丰富。

    干草粉是人类智慧的结晶，小猪小羊们多吃点干草粉可以快快长大。咯咯叫的母鸡，如果想产出更多更好的蛋，也要多吃点干草粉哟。

苹果树穿新衣

*

　　果园里的工作人员正在进行一项细致的工作——给苹果树穿上新衣服。在穿新衣服之前，工作人员要先把苹果树上的灰绿色地衣（藻类和真菌共生的联合体）细心地清除，那里面藏着害虫，一个也不能留。

　　准备工作完成之后，工作人员在树干上均匀地刷了一层白色的石灰水。石灰不但可以让树木少受害虫的侵害，还可以保护树木不被冻伤，是非常宝贵的防护衣。

种子和小女孩

*

庄员们正在把莴苣、洋葱、胡萝卜和香芹菜的种子撒到地里。一个小女孩突然对爸爸说:"土太凉了,种子不喜欢现在被埋在土里。"

爸爸笑眯眯地问:"你是怎么知道的?"

"我听见它们说:'种吧种吧,这么冷的天气,我们只管睡觉,才不会发芽呢!'"小女孩认真的样子,把大家都逗笑了。

队长说:"睡吧睡吧,睡足了它们才能在明年春天早早发芽呢。"

帕甫洛娃

72

动物们的新生活

*

动物园里的工作人员们正忙着生暖气，把动物们的住所烘得暖融融的。动物们钻进暖乎乎的房子里，谁也不肯出去了。

冬眠的动物们也改变了习惯，不打算睡一个冬天了。再说有的吃、有的喝、有的玩，它们才不愿意睡大觉呢！

小鸟们飞进笼子里的时候都惊呆了：这里面好暖和哇，就像夏天一样。于是它们决定生活在笼子里，再也不去冰天雪地的世界里受罪了。

城市里的新闻

没有螺旋桨的飞机

*

一天，城市里的人们像往常一样在街道上急匆匆地走着。忽然，有个人抬起头望着天空说："那是什么？"周围的人也跟着抬起头，果然看见天上有几架小飞机正在飞翔。

他们目不转睛地看了一会儿，又觉得它们和普通的飞机不太一样。

"是飞机吗？"

"有点像。"

"可是怎么一点声音也没有呢？"

"是呀，飞机从头顶飞过的时候都会发出巨大的声响。"

"啊，我知道了。这些小飞机没有螺旋桨。"

"对呀，没有螺旋桨，所以没有声音。"

"没有螺旋桨的飞机是怎么飞起来的？难道这是新型飞机？"

人们讨论得正欢，有个人突然哈哈大笑起来："别瞎猜了，那根本不是飞机，而是金雕。"大家顿时觉得不好意思，哄笑着走开了。

金雕是飞行高手，能像飞机一样在空中飞行，难怪大家会看错。

野鸭来做客

*

住在涅瓦河边的人们可以大饱眼福了，因为最近涅瓦河上突然出现了许多野鸭。

黑海番鸭一身乌黑，不知道的人还以为是乌鸦呢！海番鸭的翅膀上有白色的花纹，而长尾鸭的尾巴又长又尖，非常容易辨认……

这些野鸭只有在春季和秋季迁徙的时候，才在这里短暂地停留，要想和它们见上一面，得抓紧时间哪！

再见，老鳗鱼

*

涅瓦河里越来越冷了，老鳗鱼必须要走了。为了给孩子们找一个新家，它从涅瓦河出发，途经芬兰湾、波罗的海和北海，进入大西洋。海底的温度对小宝宝来说刚刚好，于是，老鳗鱼微笑着产下了最后一批卵，心满意足地闭上了眼睛。

不久后，卵孵化成了透明的小鳗鱼，它们要返回妈妈深爱的涅瓦河，但这段路太漫长了，它们要走上整整三年。

狩猎故事

两条猎狗

*

一天清晨，猎人牵着两条黑色的猎狗来到森林边上。他解开皮带，让两条猎狗到灌木丛中去寻找猎物，自己则躲在大树后面耐心地等待着。过了一会儿，猎狗叫起来，并且声音越来越近。

猎物来了，是一只红棕色的兔

子。猎人端起手中的猎枪刚要开枪，兔子转
了个弯又看不见了。两条猎狗不肯放弃，追逐
着兔子重新跑进了林子里。林子里突然安静下
来，两条猎狗都不叫了。

"咦，怎么回事？"猎人正在纳闷，猎狗
突然又疯狂地叫起来，这一次它们的声音又响
亮又尖利，听得人浑身发毛。

"猎狗肯定发现更大的猎物了。"猎人目
不转睛地盯着林子里。

果然，一只红狐狸跑出来了。猎人换上最
大号的霰弹，连开了三枪，终于击中了狐狸。

"走，回家！"猎人扛起狐狸，得意扬扬
地迈开步子。两条猎狗摇着尾巴跑到前面，当
起了开路先锋。

百年老獾洞
bǎi nián lǎo huān dòng

*

一天，塞索伊奇带我来到百年老獾洞前，
我立刻就呆住了：它竟然有63个洞口。

獾冬眠了吗？我真想挖开洞口看一看。可
是洞口太多了，獾会从别的洞口逃走，这招行
不通。后来，我们用枯树枝塞满所有洞口，然
后点燃枯树枝，想把獾熏出来。可我们左等右
等，獾洞里还是没有动静。这招又失败了。最
后，我们决定请达克斯狗帮忙。这种狗体型很

小，能够从窄小的洞口钻进去，弯曲的爪子能牢牢地稳住身体；狭长的三角形脑袋便于抓住猎物。

我们把达克斯狗带到百年老獾洞前，它立刻狂叫着钻进了洞里。过了一会儿，洞里传来狗叫声，但很快又消失了。

"它不会被咬死了吧？"

我们提心吊胆地盯着老獾洞，突然，它撅着屁股倒退着从洞口钻出来了，嘴巴里还叼着一只又肥又胖的獾。獾一动不动，已经断了气。

"万岁！"我们激动得欢呼起来。

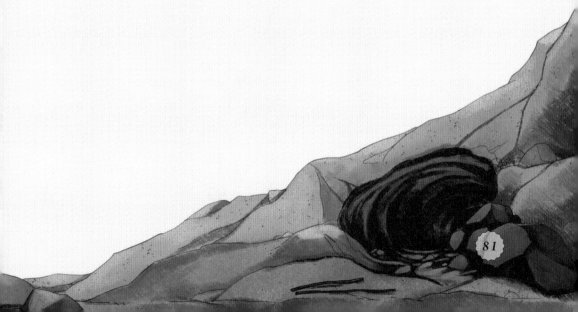

冰雪
降临月
秋天第三个月

yuè   dōng tiān yuè lái yuè jìn le
11月：冬天越来越近了

*

yuè shì qiū tiān hé dōng tiān jiāo jiē de shí jiān   tiān qì hái
11月是秋天和冬天交接的时间，天气还
bù wěn dìng yǒu shí xià yǔ yǒu shí xià xuě yǒu shí yòu yàn yáng gāo
不稳定。有时下雨，有时下雪，有时又艳阳高

照，让人摸不清规律。

树木们不再喜欢下雨，因为11月的雨水太凉了，打在身上又湿又冷，很不舒服。

一场雪过后，森林披上了白色的盛装，田野里的作物停止生长，盖着雪花被子睡着了。一切都安静了下来。

但很快，太阳出来了，又温暖又明亮。

积雪慌了神，开始一点一点地融化，河面上的冰也发出"咔吧"的破裂声。

小蚊子和小虫子赶忙从树根下面钻出来，和太阳打招呼；蒲公英和款冬花绽放出美丽的笑脸，还以为是春天来了呢！

只有树木一动不动，它们真的睡着了。

森林里的新闻

坚强的小草

*

这么冷的天气又下了一场大雪，小草应该已经枯萎了吧！我知道许多小草都是一年生的植物，它们春天开始发芽生长，秋天就要凋谢枯萎。但我还是想去看看它们，哪怕只是说一声再见也好。

我小心翼翼地挖开厚厚的积雪，结果大吃一惊：小草不但没有枯萎，反而在雪的映衬下变得绿油油的。快跟我来认识一下这些坚强的小草吧！

生长在路边的蔊蓄太普通了，很少引人注意，但它在雪地里却那么漂亮，这可真是个惊喜。

说起荨麻，人们常常会恨得牙根痒痒，因为荨麻的身上长满了密密麻麻的刺，并且这些刺有毒，人一旦被扎伤就会疼痛刺痒。可是，为什么今天在雪地里看见它，忽然觉得它是那么可爱呢！也许是它那一抹绿色打动了我，这个季节，绿色是最珍贵的礼物。

帕甫洛娃

85

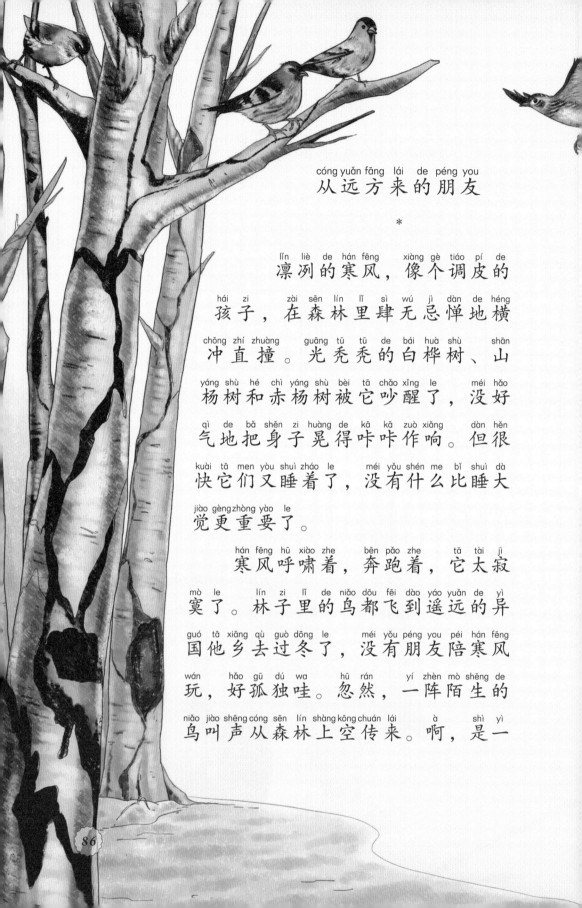

从远方来的朋友

*

凛冽的寒风，像个调皮的孩子，在森林里肆无忌惮地横冲直撞。光秃秃的白桦树、山杨树和赤杨树被它吵醒了，没好气地把身子晃得咔咔作响。但很快它们又睡着了，没有什么比睡大觉更重要了。

寒风呼啸着，奔跑着，它太寂寞了。林子里的鸟都飞到遥远的异国他乡去过冬了，没有朋友陪寒风玩，好孤独哇。忽然，一阵陌生的鸟叫声从森林上空传来。啊，是一群鸟！有黄雀、朱顶雀、凤头太平鸟，还有云雀和青山雀，它们是从远方来的，要在这里过冬。寒风高兴极了，呼呼吹着欢迎新朋友。

你也许会觉得奇怪，为什么有些鸟离开这里到远方过冬，有些鸟却从千里之外回到这里来过冬呢？其实这也没什么奇怪的，鸟和人一样有自己的喜好，有的鸟喜欢意大利、高加索，自然也会有鸟喜欢我们这里。

这些远道而来的鸟大多颜色亮丽，五彩斑斓，落在树上真像是盛开的花朵哇！

xià xuě le
下雪了

*

黑压压的乌云遮住了天空，不一会儿，湿漉漉的雪花便飘落下来。沙沙沙，多像一首空灵的奏鸣曲。

胖乎乎的獾抬起头，不高兴地嘟哝着："雪呀雪呀，快停下吧。路上到处都是泥巴，会弄脏我的脚丫。"雪根本不理会，还在不停地下着。獾没办法了，只好撅着嘴钻进了自己的洞穴。洞里既干燥又整洁，地上还铺着厚厚的沙子，獾再也不想出去了，它摇晃着身子抖落身上的雪水，扑通一声倒在地上睡着了。

两只乌鸦不知道为什么打起架来，湿漉漉的翅膀不停地呼扇着，像两个争抢玩具的孩子。

老乌鸦可没时间看热闹，拍拍翅膀朝着不远处的一具尸体飞过去，那是最美味的食物。

雪越下越大，细密的雪花变成了鹅毛大雪，无声无息地落在树枝上，落在大地上，落在干枯的落叶上。

在严寒的笼罩下，河水结冰了，大地变成了一片白茫茫的世界。

二 shù shàng de zhuī zhú zhī zhàn
树上的追逐之战

*

sēn lín lǐ tū rán lái le xǔ duō sōng shǔ　　tā men yí dào zhè lǐ
森林里突然来了许多松鼠，它们一到这里

jiù sì chù zhǎo sōng guǒ chī　　kàn yàng zi shì è huài le
就四处找松果吃，看样子是饿坏了。

cūn lǐ de gōng jī yǐ jīng jiào le yí biàn　　liǎng biàn　　sān biàn
村里的公鸡已经叫了一遍，两遍，三遍，

yuǎn chù hái yǐn yǐn xiǎng qǐ le yì shēng gǒu fèi
远处还隐隐响起了一声狗吠。

yǒu yì zhī sōng shǔ zhǎo dào le yí gè sōng guǒ　　gāng yào wǎng zuǐ lǐ
有一只松鼠找到了一个松果，刚要往嘴里

sòng　　sōng guǒ tū rán huá luò xià qù　　diào jìn le jī xuě lǐ　　sōng shǔ
送，松果突然滑落下去，掉进了积雪里。松鼠

·学而思大语文分级阅读·

cóng yì gēn shù zhī tiào dào lìng yì gēn shù zhī xiǎng dào xuě dì lǐ qù ná
从一根树枝跳到另一根树枝，想到雪地里去拿

huí sōng guǒ dāng tā tiào dào yì duī kū shù zhī qián shí hū rán kàn jiàn
回松果。当它跳到一堆枯树枝前时，忽然看见

kū shù zhī lǐ yǒu yì shuāng bù huái hǎo yì de yǎn jing zài dīng zhe zì jǐ
枯树枝里有一双不怀好意的眼睛在盯着自己。

bù hǎo shì diāo
"不好，是貂！"

sōng shǔ gù bú shàng ná sōng guǒ sōu de yí xià tiào dào le qián miàn
松鼠顾不上拿松果，嗖地一下跳到了前面

de shù shàng
的树上。

hēi diāo cóng shù zhī hòu miàn tiào chū lái yě tiào dào nà kē shù
黑貂从树枝后面跳出来，也跳到那棵树

shàng sōng shǔ yòu zòng shēn yí yuè tiào dào lìng yì kē shù shàng hēi diāo jǐn
上。松鼠又纵身一跃跳到另一棵树上，黑貂紧

zhuī bù shě yě gēn zhe tiào le guò qù sōng shǔ qíng jí zhī xià pá dào
追不舍，也跟着跳了过去。松鼠情急之下爬到

le shù dǐng shǐ chū hún shēn lì qi tiào dào qián miàn yì kē dī ǎi de shù
了树顶，使出浑身力气跳到前面一棵低矮的树

shàng hēi diāo yě jǐn gēn guò lái le sōng shǔ hái xiǎng wǎng qián tiào kě
上，黑貂也紧跟过来了。松鼠还想往前跳，可

qián miàn yǐ jīng méi yǒu shù le
前面已经没有树了。

zěn me bàn zěn me bàn
怎么办？怎么办？

sōng shǔ wú lù kě táo zhǐ néng bǎ yǎn yì
松鼠无路可逃，只能把眼一

bì tiào dào le dì miàn shàng kě tā gāng yí luò
闭，跳到了地面上。可它刚一落

dì jiù bèi diāo sǐ sǐ àn zhù chéng le diāo
地，就被貂死死按住，成了貂

de shí wù
的食物。

兔子的脚印迷阵

*

深夜，胆大的灰兔跑进了果园里，津津有味地啃起苹果树皮来。苹果树皮有一种淡淡的甜味，好吃极了，灰兔不知不觉啃到了天亮。

"该回森林了，再晚了会被人们发现。"灰兔在雪地上蹦蹦跳跳地往回走，身后留下了一串脚印。走到一半的时候，灰兔忽然想到一个可怕的问题：如果猎人跟着脚印找到我，那可就麻烦了。灰兔眼珠一转，决定给猎人布置

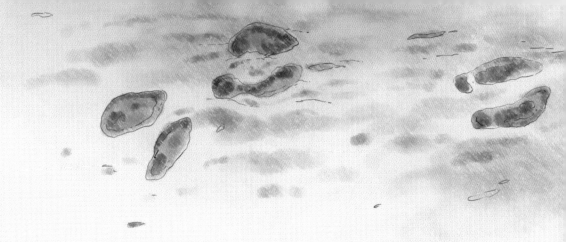

一个脚印迷阵。

果然，没过多久猎人顺着脚印追过来了。

可是走到半路，脚印突然中断了，前面的雪又白又平整，像一块白嫩嫩的豆腐，根本没有踩过哇！原来，灰兔走到这里，又踩着自己的脚印回去了，但猎人没发现。他气恼地往回走着，发现旁边又出现了兔子的脚印，可是那些脚印一会儿向东，一会儿向西，一会儿有，一会儿没有，把猎人耍得团团转。最后猎人一无所获，生了一肚子气回家了。

bú sù zhī kè
不速之客

*

注意！注意！最近森林里来了不速之客，

它长着一身雪白的羽毛，最擅长在大雪里隐

藏，大家一定要小心！

鸟、兔子、松鼠和老鼠奔走相告，惶恐

不安。

它们口中的不速之客是白色猫头鹰，是一

种猛禽。它们平时生活在北极，只有在当地被

冰雪覆盖，没有食物时，才游荡到这里，直到

春天才会离开。

聪明的啄木鸟

*

"笃笃笃——"

一棵很老很老的云杉树上传来了奇怪的声音。我抬头一看，有只啄木鸟把一颗球果塞进树干的裂缝里，正用又尖又长的喙照着球果用力啄呢！

一下、两下、三下……

"啪"的一声，球果裂开了，啄木鸟得意地吃掉里面的种子，把果壳从树干上推下来。又衔来第二颗球果，专心致志地啄起来。

啊哈，原来啄木鸟是这样吃食物的呀，它们可真聪明。

驻林地记者：库博列尔

不想变成冰棍熊

*

寒冷的冬季，熊总是会选择居住在地势低洼的地方，因为这样可以减少寒风的侵袭。但是，如果遇上暖冬，熊就得改变思路，住在高的地方，这是为什么呢？

原来，熊在冬天的主要任务就是睡大觉。如果住在低洼的地方，一旦天气变暖，冰雪解冻了，那熊的身子底下就会变成水洼，

它的身体就会被浸湿。而熊只顾着贪睡，根本觉察不到。

可是到了晚上，天气又变冷了，森林里的水开始结冰了，而熊身上的水还没有干呢。于是，它就被冻成了超大号的冰棍熊，等它发觉的时候，身体已经被冻僵，不能动了。这对于熊来说是非常危险的。更可怕的是，如果被小动物们看见，它们还不得笑掉大牙呀！无论如何也不能让这样的事情发生。

所以，如果熊判断出今年是个暖冬，就会选择把家安在高高的地方，虽然有点儿冷，但却不用担心被冻成冰棍熊。这样想想就划算多了！

合理采伐

*

俄罗斯有一句古老的谚语："谁在森林干活糊口，死神立马临头。"和人类息息相关的森林，为什么会变得那么可怕？

那是因为在古代，伐木工们用斧头砍树，为了行动更方便，他们只能穿着单薄的衣服。而到了晚上，他们没有像样的房子，只能睡在临时搭建的窝棚里。艰苦的条件使很多伐木工丧了命，谚语就这样产生了。

现在的情况就大不相同了，我们有专业的伐木工具，专门运送木头的车，伐木的工作变得轻松多了。原来需要干整整一冬天的活，现在几天就能完成。可是人们还没高兴多久，又担心起来：照这个速度砍伐下去，森林很快就会消失的，这会给人类带来毁灭性的灾难。

·学而思大语文分级阅读·

为了避免这样的情况发生，政府制定了砍伐树木的法律法规，要求伐木工人严格按照规定合理砍伐树木，绝对不能乱来，因为我们需要森林。

99

nóng zhuāng lǐ de xīn wén
农庄里的新闻

rè ài láo dòng de rén men
热爱劳动的人们

*

jīn nián wǒ men de nóng zhuāng dà fēng shōu la
今年，我们的农庄大丰收啦！

sī dá hàn nuò fū xiǎo fēn duì hái huò dé le láo dòng yīng xióng
斯达汉诺夫小分队还获得了"劳动英雄"

de chēng hào zhè shì guó jiā wèi le jiǎng lì láo dòng zhě men zài tián jiān zuò
的称号，这是国家为了奖励劳动者们在田间做

chū de jù dà gòng xiàn ér tè dì shè lì de jiǎng xiàng zhè duì yú láo
出的巨大贡献，而特地设立的奖项。这对于劳

动者们来说，可是至高无上的奖励。

冬天越来越近了，土地开始冰冻，田里的一切工作已经结束了，但这并不意味着劳动的终结，热爱劳动的人们永远有干不完的活。

妇女们开始精心喂养奶牛，好让它们产出更多的牛奶；男人们正在琢磨怎样把牲口喂得更健壮；喜欢打猎的人带着猎狗去捉松鼠了；还有一些人去砍伐树木……大家都在忙碌着。

孩子们也没闲着，除了上课和做作业之外，他们还在院子里用捕鸟器捕鸟。下雪的时候就更好玩了，他们乘着滑雪板或雪橇从高高的山上飞驰而下，银铃般的笑声洒了一路。

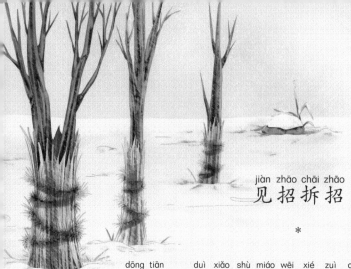

jiàn zhāo chāi zhāo
见招拆招

*

　　dōng tiān，　 duì xiǎo shù miáo wēi xié zuì dà de jiù shì lǎo shǔ hé tù
　　冬天，对小树苗威胁最大的就是老鼠和兔
zi　 bú guò wǒ men zhī dào zěn me duì fu tā men
子。不过我们知道怎么对付它们。

　　lǎo shǔ zài jī xuě xià miàn wā le yì tiáo tōng wǎng xiǎo shù miáo de tōng
　　老鼠在积雪下面挖了一条通往小树苗的通
dào　 xiǎng shén bù zhī guǐ bù jué de gàn huài shì　 dàn tā bù zhī dào
道，想神不知鬼不觉地干坏事。但它不知道，
wǒ men zǎo jiù bǎ xiǎo shù miáo xià miàn de jī xuě cǎi de jiē jiē shí shí
我们早就把小树苗下面的积雪踩得结结实实
de　 gēn běn guò bú qù
的，根本过不去。

　　tù zi xǐ huan zài rén men shuì zháo yǐ hòu tōu kěn shù pí　 wèi le
　　兔子喜欢在人们睡着以后偷啃树皮。为了
duì fu tā men　 wǒ men zài shù gàn shàng guǒ shàng yì céng hòu hòu de mài
对付它们，我们在树干上裹上一层厚厚的麦
jiē　 zài zài shàng miàn chán shàng yún shān shù zhī　 tù zi zhǐ yào yí pèng
秸，再在上面缠上云杉树枝，兔子只要一碰，
jiù huì bèi shù zhī shàng de cì zhā shāng　 táo de yuǎn yuǎn de
就会被树枝上的刺扎伤，逃得远远的。

jì mǎ　 　 bó luó duō fū
季马·博罗多夫

·学而思大语文分级阅读·

神秘的小屋子

*

苹果园里出现了一些神秘的小屋子，它们由一根细丝挂在枝头，墙壁是用干树叶做成的。谁会住在这里面呢？

果园主人可不管这些，他一把扯下小屋子，把它们烧成了灰烬。原来，这里面住的是山楂粉蝶的幼虫，等到明年春天苹果树一发芽，它们就会咬嫩芽、嫩叶和花蕾，危害非常严重。

103

养殖场里的新住户

*

养殖场里来了几个新住户——深棕色的狐狸。这可是件新鲜事，人们都跑过来看热闹。

狐狸不知道发生了什么事，莫名其妙地看着人群。忽然，有只狐狸张开嘴巴打了一个哈欠。一个胆小的孩子赶忙对妈妈说："妈妈，我不要狐狸围巾了。狐狸牙齿尖尖的，会咬人。"

xiǎo nǚ hái de dān xīn
小女孩的担心

*

nóng zhuāng lǐ　　zhuāng yuán men zhèng zài máng zhe tiāo xuǎn yáng cōng tóu hé
农庄里，庄员们正在忙着挑选洋葱头和

yáng qín cài gēn　　lǎo rén hé hái zi yě guò lái bāng máng le
洋芹菜根，老人和孩子也过来帮忙了。

yí gè xiǎo nǚ hái wāi zhe nǎo dai wèn yé ye　　zhè xiē yáng cōng tóu
一个小女孩歪着脑袋问爷爷："这些洋葱头

hé yáng qín cài gēn shì ná lái wèi shēng kou de ma
和洋芹菜根是拿来喂牲口的吗？"

bù　　yé ye jiě shì dào　　wǒ men yào bǎ tā men zhòng dào
"不，"爷爷解释道，"我们要把它们种到

dì lǐ
地里。"

wài mian nà me lěng　　tā men huì bèi dòng huài de
"外面那么冷，它们会被冻坏的。"

bié dān xīn　　wǒ men gěi tā men jiàn le yí zuò nuǎn fáng　　bù
"别担心，我们给它们建了一座暖房。不

guǎn wài miàn duō lěng　　nuǎn fáng lǐ miàn dōu shì nuǎn hōng hōng de　　bǎ yáng cōng
管外面多冷，暖房里面都是暖烘烘的。把洋葱

tóu hé yáng qín cài gēn zhòng jìn qù　　wǒ men hěn kuài jiù néng chī dào xīn xiān
头和洋芹菜根种进去，我们很快就能吃到新鲜

de shū cài le
的蔬菜了。"

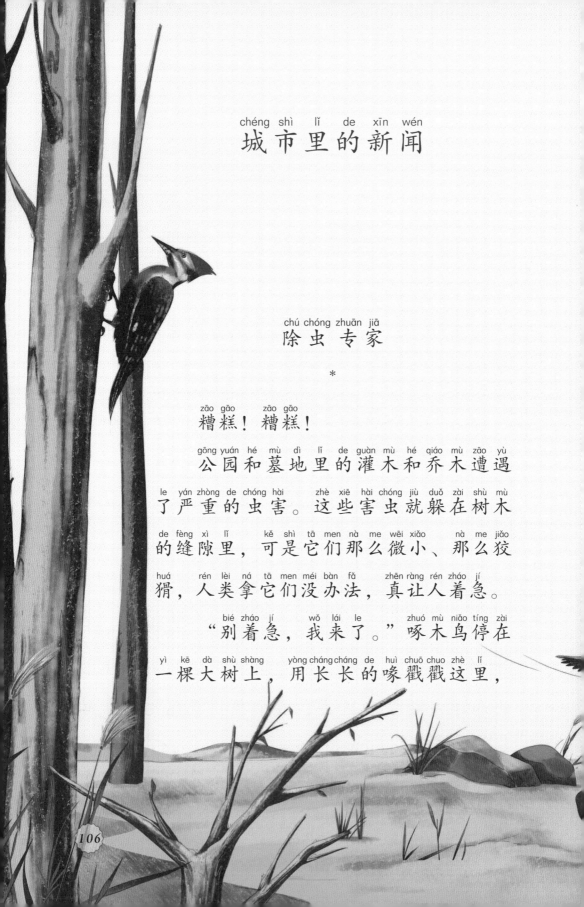

城市里的新闻
chéng shì lǐ de xīn wén

除虫专家
chú chóng zhuān jiā

*

糟糕！糟糕！
zāo gāo   zāo gāo

公园和墓地里的灌木和乔木遭遇
gōng yuán hé mù dì lǐ de guàn mù hé qiáo mù zāo yù

了严重的虫害。这些害虫就躲在树木
le yán zhòng de chóng hài   zhè xiē hài chóng jiù duǒ zài shù mù

的缝隙里，可是它们那么微小、那么狡
de fèng xì lǐ   kě shì tā men nà me wēi xiǎo   nà me jiǎo

猾，人类拿它们没办法，真让人着急。
huá   rén lèi ná tā men méi bàn fǎ   zhēn ràng rén zháo jí

"别着急，我来了。"啄木鸟停在
bié zháo jí   wǒ lái le   zhuó mù niǎo tíng zài

一棵大树上，用长长的喙戳戳这里，
yì kē dà shù shàng   yòng cháng cháng de huì chuō chuo zhè lǐ

戳戳那里，发出"笃笃笃"的响声。

过了一会儿，一大群山雀听见声音，从四面八方赶过来了。它们都是除虫专家，一来到这里就开始了紧张有序的工作。

对付这些害虫，它们各有各的办法：啄木鸟用细长的舌头把害虫取出来；鹇用小匕首一样的喙把害虫揪出来。其他山雀也都使出了自己的看家本领，大有"八仙过海，各显神通"的架势。

一通忙碌之后，藏在树上的害虫们被清理得干干净净。还来不及听人们说一声"谢谢"，啄木鸟又带领着山雀们飞到另一片树林去工作了。

这些除虫专家们可真了不起。

为流浪汉做点什么吧

*

我们的身边突然出现了许多流浪汉——为寻找食物和住所四处奔波的小鸟。它们是被寒冷逼得没了办法，才到处流浪的。

如果你的房前屋后有个小院子，那么请一定要留心，这些流浪汉多半会来这里。请事先为它们搭建一个温暖的小窝，再放上一把米粒，它们一定会感激你的。其实，小鸟非常愿意和人亲近，只是胆子太小了。如果你想让它们到自己房间里安家，就需要使用一些手段，比如用歌声吸引它们，或者用食物吸引它们。只要你友善地对待它们，它们肯定愿意留在你身边。

如果你觉得做这些太麻烦，那就随便在院子里撒上一些它们喜欢的食物吧，面包屑、谷子、肉沫、葵花籽都可以。
如果你生活在大城市，没有院子，就把食物放
在阳台上，它们一定会找到的。

不管怎么说，请帮帮这些流浪汉，它们太
可怜了。

狩猎故事

惊喜

*

塞索依奇在森林里发现了貂的脚印，脚印在云杉树下消失了。塞索依奇抬起头，发现树干上有个洞。

"这一定是貂的洞穴。"他右手拿枪，左手用树枝轻轻地敲打树干，想把貂赶出来。可过了好长时间，貂还是没有出来。他纳闷地绕着云杉树转了一圈，发现树干的另一边竟然有个出口，貂早就从这里溜走了。

"真是个狡猾的家伙。"塞索依奇不肯放弃，继续在林子里寻找。天快黑的时候，他在松树上找到了一个松鼠窝，松鼠窝附近有血和打斗的痕迹。塞索依奇断定，是貂把松鼠从窝里赶出来吃了。

"该死的貂！"他怒气冲冲地抬起枪，朝松鼠窝开了一枪。

突然，有个东西从松鼠窝里掉下来，落在塞索依奇面前。他低头一看，立刻尖叫起来："天哪，这不是那只貂吗！这可真是个惊喜。"

图书在版编目（CIP）数据

森林报 . 秋 /（苏）维·比安基著；学而思教研中
心改编 . -- 北京：石油工业出版社，2020.4
（学而思大语文分级阅读）
ISBN 978-7-5183-3850-4

Ⅰ . ①森… Ⅱ . ①维… ②学… Ⅲ . ①森林－青少年
读物 Ⅳ . ① S7-49

中国版本图书馆 CIP 数据核字 (2020) 第 023640 号

森林报·秋

［苏联］维·比安基　著　　学而思教研中心　改编

策划编辑：王　昕　曹敏睿
责任编辑：马金华　贾　鸣
执行主编：田　雪
改　　写：尤艳芳
出版发行：石油工业出版社
　　　　　（北京安定门外安华里 2 区 1 号 100011）
　　　　　网　址：www.petropub.com
　　　　　编辑部：（010）64523616　64252031
　　　　　图书营销中心：（010）64523731　64523633
经　　销：全国新华书店
印　　刷：北京东方宝隆印刷有限公司

2020 年 4 月第 1 版　2020 年 4 月第 1 次印刷
710×1000 毫米　开本：1/16　印张：7.5
字数：70 千字

定价：22.80 元

专属_____的

阅读成长记录册

阅读指导

　　充满趣味的阅读指引与内容导入，既有对配套书籍相关内容的介绍与分析，也有对阅读方法的细致指导与讲解，可辅助教师教学及家长辅导，亦可供孩子自主学习使用。

阅读测评

　　主要是"21天精读名著计划"的具体安排及测评。我们根据不同年龄段孩子的注意力集中情况、阅读速度、理解水平以及智力和心理发展特点，有针对性地对孩子进行阅读力的培养。

年级	日均阅读量	阅读力培养
1~2	约1000字	认读感知能力 信息提取能力
3~4	约6000字	分析归纳能力 推理解释能力
5~6	约9000字	评价鉴赏能力 迁移运用能力

阅读活动

　　通过形式多样的阅读活动，调动孩子的阅读积极性，培养孩子听、说、读、写、思多方面的能力，让孩子能够综合应用文本，更有创造性地阅读。

六 大 阅 读 能 力

认读感知能力
认读全书文字
感知故事情节

信息提取能力
提取直接信息
提取隐含信息

分析归纳能力
分析深层含义
归纳主要内容

推理解释能力
推理词句含义
做出预判推断

评价鉴赏能力
评价人物形象
鉴赏词汇句子

迁移运用能力
信息迁移对比
知识灵活运用

阅读指导

　　小朋友们，你们有的生活在城市中，有的生活在乡村里，那你们留意过秋天有什么有趣的事情吗？秋天的时候，森林里会发生什么事呢？我们都知道大雁会从北方飞到南方过冬，那还有什么鸟类会迁徙呢？它们都是飞往南方吗？你知道其他动物会为冬天做哪些准备吗？快和我一起走进《森林报·秋》看看吧！

作者简介

　　维·比安基（1894—1959），俄国著名的儿童科普作家和儿童文学家。他父亲是俄国著名的自然科学家，所以比安基从小就生活在一个养着许多飞禽走兽的家庭里，而且他总是喜欢到科学院动物博物馆去看标本，跟随父亲上山打猎，跟家人到郊外、乡村和海边生活，可以说他一生的大部分时间都是在森林中度过的。除此之外，父亲还教会他怎样积累、观察和记录大自然的全部景象，毫不夸张地说，他可以翻译大自然的语言，带领我们走进一个全新的世界！

内容简介

　　《森林报·秋》这本书主要报道了候鸟离别月、粮食储备月、冰雪降临月这三个月中森林里、农庄里、城市里的新闻以及关于狩猎的故事。

　　在第一个月里，比安基为我们揭开了候鸟迁徙的秘密，还带着我们一同感受秋天的乐趣，比如采蘑菇、寻找在海滩上留下脚印的小家伙、感受快乐的农场劳动，和猎人们讲述打猎趣闻。

　　到了第二个月，气温逐渐下降，天气越来越冷。这个时候我们便可以见识到田鼠、松鼠和姬蜂储存粮食的绝招；可以认识长满斑点的星鸦、敢从猫头鹰的洞里偷走食物的伶鼬；还会知道农民伯伯为了让家禽和牲畜健康成长，准备了哪些方法。

　　第三个月的时候，森林里迎来了第一场雪，但是下雪并没有减少森林里的乐趣。我们可以看到松鼠和黑貂为了抢夺松果，展开了一场激烈的斗争；机灵的兔子不但敢到苹果园中啃树皮，还给人们设下了一个脚印迷阵；聪明的啄木鸟借助树干打开一个个球果……

　　除此之外，这本书里还有很多惊险刺激的狩猎故事，这些故事一个比一个精彩，一个比一个吸引人。

　　比安基创作《森林报》的宗旨是以生动的故事和写实的叙述，向孩子传播自然现象和科学知识，激发其探索大自然奥秘的兴趣，培养其热爱、关注和保护大自然的意识。《森林报》自 1928 年出版至今仍具有恒久不衰的生命力，究其原因，便是它以独特的视角和表现手法宣扬的"人与自然"的和谐主题。

　　作者充分发挥自己擅长描写动植物生活的文学才能，将它们的生活表现得栩栩如生、引人入胜，并把自然知识隐藏在一个接一个有趣的小故事中，以故事的形式展现大自然春天的纯净美，揭示大自然的奥秘，让孩子在轻松愉快的阅读氛围中，认识许多动植物，了解它们的生活习性，学习如何去观察、分析、比较、思考和研究大自然。

　　在这本书里，一个个小故事化身为一座座桥梁，连接着孩子与大自然。作者为孩子构建了一个文学和自然相融合的世界，全书处处蕴含着诗情画意，洋溢着童心童趣，是一部让孩子回归自然、走进自然，培养科学兴趣、增强环保及生态意识的启蒙读物。

1. 看目录，猜内容

这本书是以报刊形式编排的，按照时间顺序把书分为3个部分。所以拿到这本书的时候，首先翻看目录，了解这本书有几期，每期的标题是什么，同时大标题下又有好几个小标题，根据标题猜一猜这篇故事主要会讲什么。

2. 大声读，细看图

根据拼音大声朗读，达到熟读程度。并在阅读过程中结合文段描述，对应插图中的动物，图文结合，加深理解与记忆。

3. 动动手，做标注

好记性不如烂笔头，读书要养成做标注的好习惯，阅读时可以在精彩的词语、句子旁边做好标注，也可以写下自己的心得体会。

4. 写小结，说疑问

每读完一个小故事，总结一下自己学到了哪些东西，明白了哪些道理，与朋友或家人一起分享。如果有疑问，可以把你的疑问说给老师或家人听。

9 月：秋天来了 —— 踏上 征程

yuè qiū tiān lái le　　　　tà shàng zhēng chéng

1.（选词填空）进入九月，周围的一切都在悄悄地发生变化：天（　　）了，云（　　）了，风（　　）了。

（信息提取能力）

A.凉　　　　B.淡　　　　C.高

2.（多选）候鸟们为什么会选择在夜里出发呢?（　　　）

（推理解释能力）

A.不想打扰到其他小动物

B.夜里猎人都睡了

C.隼和鸥鹰晚上不会出来活动

D.它们白天看不见路

shuǐ lù shàng de yuǎn xíng jūn　　cǎi mó gu de kuài lè shí guāng
水路上的远行军——采蘑菇的快乐时光

3.（多选）两头雄鹿为什么打架？看看谁说的对。（　　　）

（推理解释能力）

为了当头领。 A

为了争夺美丽的雌鹿。 B

为了争夺领地。 C

为了报仇。 D

4.（多选）毒蘑菇有什么特征呢？聪明的你从下边的选项中选出来告诉大家吧。（　　　）

（信息提取能力）

A.伞盖下边没有领圈　　　B.孢子是浅色的

C.伞盖颜色鲜艳　　　　　D.孢子是深色的

liǎng gè jīng xǐ　　　　shù mù jiān de zhàn zhēng
两个惊喜——树木间的战争

5.（单选）是哪个调皮鬼在海湾岸滩上留下了字迹？（　　　）

（信息提取能力）

A. 　　　　B.

C. 　　　　D.

6.（单选）云杉胜利的根本原因是（　　　）。

（分析归纳能力）

　A. 苔藓说："是因为我的帮助。"

　B. 地衣说："是我的功劳。"

　C. 蠹甲虫说："主要是靠我。"

　D. 护林人说："那是云杉生命力旺盛，寿命长。"

kuáng wàng de qiáng dào   dōu cáng qǐ lái le
狂 妄 的 强 盗——都 藏 起 来 了

7.（单选）请火眼金睛的你帮人们找出强盗游隼临时的家。

（　　　）

（信息读取能力）

 A.　 B.　 C.

8.（单选）下列词语中，与"飞来飞去"结构相似的词语是

（　　　）。

（迁移运用能力）

A.来来往往　　　B.一心一意　　　C.应有尽有

gěi hòu niǎo ràng lù　　xiàng běi fēi　　fēi dào běi jí qù
给候鸟让路——向北飞，飞到北极去

9.（判断）根据文章内容判断下列说法的对错。对的画"√"，错的画"×"。

（推理解释能力）

（1）候鸟只在秋天迁徙。　　　　　　　（　　　）

（2）朱雀冬天要从北方飞到南方。　　　（　　　）

（3）候鸟们总是在夜间飞行。　　　　　（　　　）

10.（选择填空）秋天到了，请给下列的候鸟找到它们迁徙的方向。

（分析归纳能力）

①燕子　　②朱雀　　③绒鸭　　④海鸥　　⑤针尾野鸭
⑥云雀　　⑦白嘴鸦　　⑧椋鸟

从东飞到西：（　　　　　）

从南飞到北：（　　　　　）

从西飞到东：（　　　　　）

从北飞到南：（　　　　　）

fēng shōu de guǒ shí —— xiǎo lǐ yú bān jiā
丰收的果实——小鲤鱼搬家

11.（多选）动动你的小脑袋想一想，一只品种优良、产蛋多的母鸡应该具备哪些特征？（　　　）

（分析归纳能力）

　　A. 鸡冠子红红的　　　　B. 眼睛炯炯有神

　　C. 个头大　　　　　　　D. 身体结实

12.（排序）"小鲤鱼搬家"的故事中，鲤鱼妈妈搬了两次家，但在教育孩子时犯了愁，因为它忘记了搬家的顺序。请你快来帮它梳理一下吧！

（分析归纳能力）

①天气越来越冷，水越来越凉了。

② 70 万尾小鱼苗长得太快，把小水塘挤满了。

③鲤鱼妈妈在一个浅浅的小水塘产下一堆卵。

④鲤鱼妈妈带着小鱼苗们来到了大水塘。

⑤小鱼苗们快活地生长着，变成了小鲤鱼。

⑥小鲤鱼们来到了专门用来过冬的大水塘。

正确顺序：＿＿＿＿＿＿＿＿＿＿＿＿＿

kuài huo de nóng chǎng láo dòng   hé māo yí yàng dà de cāng shǔ
快活的农场劳动——和猫一样大的仓鼠

13.（单选）养蜂工人设下的"甜蜜陷阱"是指（　　　　）。

（信息提取能力）

　A. 蜜蜂们呆在蜂箱里聊天唱歌或者睡觉

　B. 蜂箱上面的树枝上挂着装满蜂蜜的瓶子

　C. 没有蜜蜂的蜂箱

14.（多选）下面哪些词可以用来形容到农场帮忙的小学生？
（　　　　）

（评价鉴赏能力）

　A. 贪玩　　　　B. 活泼　　　　C. 勤劳　　　　D. 勤奋

shí pò wěi zhuāng
识 破 伪 装 —— 10月：

yuè   tiān qì yuè lái yuè lěng le
天气越来越冷了

15.（排序）根据文章"识破伪装"，给下列句子排序。

（分析归纳能力）

①大雁腾空而起，飞到了空中。

②猎人向空中开了两枪。

③大雁在田里觅食。

④猎人端着枪躲在马背后面。

⑤马啃着麦苣，缓缓接近大雁。

_____

16.（单选）根据原文，推断下列哪位小动物的说法正确。

（   ）

（信息提取能力）

乌鸦都是候鸟。

青蛙不冬眠。

蛇是冬眠动物。

12

tián shǔ de　　miào zhāo　　　　shuǐ píng hé sōng shǔ
田鼠的"妙招"——水䶄和松鼠

17.（多选）猜一猜，田鼠储备粮食的妙招是什么？（　　　）

（分析归纳能力）

A. 把洞穴挖在谷仓下面

B. 把洞穴挖在粮食垛下面

C. 偷偷去农户家里

D. 建造小巧的洞穴

18.（连线）请为下列两位小动物选择它们喜欢的食物。

（信息提取能力）

豌豆

坚果

谷子

蘑菇干

土豆

葱头

huó dòng de liáng cāng xià tiān yòu huí lái le ma
活 动 的 粮 仓 —— 夏 天 又 回 来 了 吗

19.（多选）下列哪些动物的粮仓是活动的？（   ）

　A. 胡蜂　　　　B. 姬蜂　　　　C. 熊　　　　D. 貛

20.（选择填空）请你把下列选项填在对应的括号里。

　A. 上　　　　B. 下　　　　C. 嘴巴　　　　D. 眼睛

你知道猫头鹰长什么样吗？

当然知道了，铁钩一样的（   ），灯泡一样的（   ），羽毛向（   ）竖起。

běn lǐng gāo chāo de xīng yā   niǎo lèi dà qiān xǐ
本领高超的星鸦——鸟类大迁徙

21.（排序）"巫婆的扫帚"是怎样形成的呢？请排序。

（认读感知能力）

①蜱螨爬到新枝条上叮咬。

②新枝条继续分叉。

③蜱螨叮咬树木的幼芽。

④枝条越长越多，很快成了一团，像个鸟窝。

⑤幼芽快速生长。

_____

22.（判断）纠错小能手，请你根据原文，推断下列说法是否正确。对的画"√"，错的画"×"。

（推理解释能力）

（1）一部分候鸟的迁徙和冰川的侵袭有关。　　（　　　）

（2）孩子们是大自然的使者。　　　　　　　（　　　）

（3）雪兔的全身雪白，藏在雪地里别人看不到。（　　　）

（4）星鸦身上有星星，所以叫星鸦。　　　　（　　　）

kōng dàng dàng de tián yě　　　gěi shí wù jiā diǎn liào
空荡荡的田野——给食物加点料

23.（单选）工人们在秋天是用什么办法让鸡产出更多、更好的蛋？（　　）

（分析归纳能力）

A. 为鸡放音乐，不让它们睡觉

B. 在鸡舍里装电灯

C. 喂它们更多的食物

D. 给鸡吃激素

24.（多选）你知道干草粉是用什么制作而成的？（　　）

（信息提取能力）

A. 牧草　　　　　　　　　B. 树叶

C. 优良的牧草　　　　　　D. 优良的树叶

píng guǒ shù chuān xīn yī dòng wù men de xīn shēng huó

苹果树穿新衣——动物们的新生活

25.（多选）人们为什么要为公路旁的树刷白石灰？（　　　）

（推理解释能力）

A. 因为树干上有细菌

B. 可以减少害虫的侵害

C. 防止冻伤

D. 输送营养

26.（单选）动物们的新生活是指（　　　）。

（分析归纳能力）

A. 农庄里的生活　　　　B. 动物园里的生活

C. 秋天的生活　　　　　D. 城市里的生活

méi yǒu luó xuán jiǎng de fēi jī   zài jiàn   lǎo mán yú
没有螺旋桨的飞机——再见，老鳗鱼

27.（单选）"没有螺旋桨的飞机"是指（ 　　 ）。

　　A. 新型飞机　　B. 金雕　　C. 老鹰　　D. 滑翔机

28.（排序）小朋友，请给老鳗鱼规划正确的迁徙路线。

　　①波罗的海　②涅瓦河　③大西洋　④北海　⑤芬兰湾

正确路线：

liǎng tiáo liè gǒu　　　　bǎi nián lǎo huān dòng
两 条 猎 狗——百 年 老 獾 洞

29.（单选）猎人收获了什么？（　　　）

（信息提取能力）

　A.红色的兔子

　B.红色的狐狸

　C.红色的兔子和红色的狐狸

30.（排序）请为"我"梳理抓獾时的经过。

（分析归纳能力）

①百年老獾洞有 63 个洞口。

②洞里没动静，我们请来达克斯狗帮忙。

③我们用枯树枝塞满所有洞口，并点燃树枝。

④达克斯狗撅着屁股倒退着从洞口钻出来。

⑤洞里传来短暂的狗叫声。

⑥达克斯狗嘴里叼着死去的獾。

_____

dōng tiān yuè lái yuè jìn le
冬 天越来越近了——兔子的脚印迷阵

31.（多选）请从下列小动物中选出从远方来的朋友。（　　　）

（信息提取能力）

    A. 朱雀　　　　　　　　B. 黄雀

    C. 云雀　　　　　　　　D. 青山雀

    E. 朱顶雀

32.（单选）兔子的迷幻脚印有什么作用呢？（　　　）

（推理解释能力）

    A. 兔子的恶作剧　　　　B. 迷惑猎狗

    C. 防止猎人追踪　　　　D. 在玩捉迷藏

bú sù zhī kè　　　hé lǐ cǎi fá

不速之客——合理采伐

33.（单选）"不速之客"这个称呼是指（　　　）。

　　A.猫头鹰　　　B.松鼠　　　C.朱顶鸟　　　D.白色猫头鹰

34.（判断）断案小能手，请你根据原文，推断下列说法是否正确。对的画"√"，错的画"×"。

　　（1）啄木鸟吃球果时，先把球果塞到树干的裂缝，然后用又尖又长的喙用力啄。　　　　　　　（　　　）

　　（2）冬天，熊会一直住在低洼的地方。　　（　　　）

　　（3）我们应该合理采伐树木。　　　　　　（　　　）

rè ài láo dòng de rén men　　shén mì de xiǎo wū zi

热爱劳动的人们 ——神秘的小屋子

35.（连线）冬天越来越近了，下列这些人物和动物都在干什么呢？请你用线连起来吧。

（认读感知能力）

斯达汉诺夫小分队	精心喂养奶牛
妇女们	获得"劳动英雄"的称号
孩子们	啃小树苗
兔子和老鼠	用捕鸟器捕鸟
猎人们	抓松鼠

36.（单选）苹果园里神秘的小屋子是谁的家？（　　　）

（信息提取能力）

A. 蝴蝶　　　　　　　　　　B. 山楂粉蝶

C. 山楂粉蝶的幼虫　　　　　D. 蜜蜂

yǎng zhí chǎng lǐ de xīn zhù hù　　　xiǎo nǚ hái de dān xīn
养殖场里的新住户——小女孩的担心

37.（单选）小女孩的"担心"是指（　　　）。

A. 把洋葱头和洋芹菜根种到地里会冻坏

B. 担心冬天没菜吃

C. 担心牲口会冻坏

D. 担心牲口没食物

38.（单选）养殖场里的新住户是谁？（　　　）

A. 狼　　　　B. 狐狸　　　　C. 熊　　　　D. 貂

chú chóng zhuān jiā   wèi liú làng hàn zuò diǎn shén me ba
除 虫 专 家——为 流 浪 汉 做 点 什 么 吧

39.（多选）除虫专家是（　　　　）。

（信息提取能力）

A. 啄木鸟 　　　　　　B. 鸸

C. 人类 　　　　　　D. 麻雀

40.（单选）下列选项中，我们不能对"流浪汉"做哪件事？

（　　　）

（认读感知能力）

A. 事先为它们打一个温暖小窝，并撒上米粒

B. 用歌声或食物吸引它们留在自己房间，善待它们

C. 在院子或阳台撒些食物

D. 把它们抓来，当宠物养

jīng   xǐ

惊 喜

41.（单选）塞索依奇在哪里发现了貂？（　　　）

    A. 貂的洞穴　　　　　　B. 狐狸的洞穴

    C. 松鼠的洞穴　　　　　D. 树洞里

42.（判断）请你根据原文，判断下列说法是否正确。对的画"√"，错的画"×"。

    （1）貂把可爱的松鼠吃了，我们应该猎杀貂，用它的皮做衣服。　　　　　　　　　　（　　　）

    （2）大自然有自己的规律，我们应该遵守森林法则。　　　　　　　　　　　　　（　　　）

1 我是大自然小使者

　　小朋友，读完了《森林报·秋》，你一定收获满满，原来秋天还有这么多新奇的事情发生，你是不是重新认识了大自然，学到了很多新知识，拓宽了眼界呢？但还有许多小朋友没有读过，怎么办呢？赶紧动动小手，把你知道的趣事整理一下，把这些事讲给爸爸妈妈还有小伙伴们听吧。让我们大家携手共同保护大自然。

动物	习性或特点
朱雀	秋天从西飞到东去过冬

植物	习性或特点
毒蘑菇	伞盖颜色鲜艳，下面没有领圈，孢子是深色的

2 我是观察小能手

　　书已经读完了，你有没有学到作者比安基观察、描写大自然的方法呢？接下来请选择一种你身边的动物或植物，然后采用比安基的方法去观察、描述它们，并把你观察到的与家人或朋友说说吧！

示例：
　　乌鸦：说起乌鸦，大家都觉得讨厌，其实它们可是地地道道的地球清道夫，一生在不断地为地球清理着垃圾。它们的嗅觉非常灵敏，稍有腐尸烂味，它们就及时去清理，不让细菌病毒污染地球，你说它们是不是功臣？

3 我是森林百科

《森林报·秋》是一本关于自然的百科全书，读了这本书你一定知道了许多知识，现在就让我们做个游戏，检查下你的学习效果吧。一个小朋友说名称，其他小朋友讲关于它的知识。

獾

獾身上的脂肪是活动的粮仓

獾洞有很多出口

4 我是故事大王

　　小朋友，读了这本书你收获不少吧。你是不是想到了有关动物的寓言故事呢？比如狐假虎威、鹬蚌相争等。请选择一个讲给好朋友听。

示例：

狐假虎威

　　森林里，一只老虎抓住了一只狐狸，就要吃了它，这时狡猾的狐狸编出一个谎言说："我是天帝派来当百兽之王的。"老虎不信，狐狸说："你跟我到处走走吧，看看其他动物怕不怕我！"果然其他动物都被吓跑了，老虎见到这种情况，不禁也害怕起来，连忙跑掉了。

5 我会做统计

　　《森林报·秋》这本书将森林中的秋天分为候鸟离别月、储备粮食月和冰雪降临月，每个月里都出现了很多小动物，请你把它们记录在下面的小表格里吧。

月份	出现的动物	出现的植物
候鸟离别月		
储备粮食月		
冰雪降临月		

6 我是设计师

《森林报·秋》中讲了那么多精彩的故事，出现了那么多的动物和植物，你对哪部分最感兴趣呢？选择一个月份，结合"阅读活动5"的表格，设计一份手抄报吧。

日积月累

好词描红

积蓄　状态
悠闲　激烈
鲜艳　迅速
聚集　迁徙

仿佛　明亮
笨拙　忙碌
惊喜　旺盛
降临　轻柔

征程　事受
高明　活力
短暂　喝彩
环视　漫长

成群结队
随风飘落
毫不犹豫
齐心合力
来之不易
依依不舍

东张西望
生机勃勃
自由翱翔
津津有味
飞来飞去
精力充沛

日 积 月 累

好句描红

　　你瞧，它们在水中慢悠悠的游着，饿了就潜入水中抓几条小鱼吃，逍遥游快活，哪像是要远行的呀！

　　今天的阳光格外明亮温暖，好像春天又回来了一样。黄色的蒲公英和报春花从草丛下面探出脑袋；小鸟站在枝头，翘着尾巴卖力的歌唱；蝴蝶呼朋引伴，翩翩起舞。它们都在欢迎夏天呢！

参考答案

阅读测评

1. C　B　A

2. BC

3. BC

4. ACD

5. D

6. D

7. C

8. B

9. (1) ×　(2) ×　(3) √

10. 从东飞到西：④⑤
　　从南飞到北：③
　　从西飞到东：②
　　从北飞到南：①⑥⑦⑧

11. ABCD

12. ③②④⑤①⑥

13. B

14. BC

15. ③⑤④①②

16. C

17. AB

18.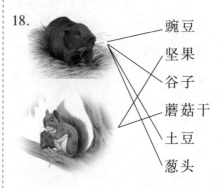
豌豆
坚果
谷子
蘑菇干
土豆
葱头

19. BCD

20. C　D　A

21. ③⑤①②④

22. (1) √　(2) √　(3) √　(4) ×

23. B

24. CD

25. BC

26. B

27. B

28. ②⑤①④③

29. B

30. ①③②⑤④⑥

31. BCDE

32. C

33. D

34.（1）√ （2）× （3）√

35.

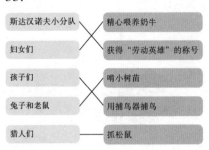

36. C

37. A

38. B

39. AB

40. D

41. C

42.（1）× （2）√

阅读活动

1. 示例

动物	习性或特点
针尾野鸭和海鸥	秋天从东向西迁徙
绒鸭	秋天迁徙到北极去找寻食物
姬蜂	益虫，但夏季把卵产在蝴蝶幼虫的身体里
……	……

植物	习性或特点
椴树	果实深红色，上面长有翅状叶舌
白桦树和赤杨	春天会开菜荑花
毒蘑菇	伞盖下没领圈、伞盖颜色鲜艳、孢子是深色的

2. 略

3. 略

4. 略

5. 略

6. 略